U0056726

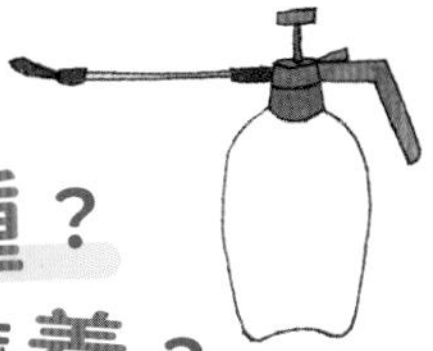

怎麼種？
怎麼養？
怎麼剪？

庭木培植疑問全解惑

三悅文化

怎麼種？怎麼養？怎麼剪？

庭木培植疑問全解惑

Contents

Chapter 3

各樹種的生長種植計畫

如何運用本書

Chapter1 會提到栽培樹木的基本知識，Chapter2 則會說明定植和培育樹木的基礎，講解定植的頁面會盡量以簡單具體的方式呈現。
Chapter3 會分成落葉樹、常綠樹、針葉樹，針對每個樹種的重點栽培方法作淺顯講解。植物型錄部分會介紹該植物的主要情報、特徵、栽培建議與一年的生長階段時間表。針對科名的部分，則參照了能反映出分類生物學研究成果的 APG 分類法。
Chapter4 將實際會遇到的問題和常見疑問分成五大項目，並逐一深入地仔細解說。

Chapter 4

解決各種疑難雜症！Q&A

Chapter 1

和樹木培養

良好關係

這裡彙整了無論是植樹人，
還是要負責把樹養大的人必須掌握的內容。
接下來會以淺顯易懂的方式，
介紹基礎知識與作業重點。

有樹的庭院令人舒心

只要庭院有樹，吹起清爽涼風時，就是一個讓人舒服療癒的空間。初春冒芽、花苞膨大、新綠嫩葉長出，能親身感受到季節變化多麼令人欣喜。果實成熟、綠葉轉紅時就能得知秋天的來訪。當落葉紛飛，即代表冬天終於降臨。種樹，能讓庭院充滿豐富的季節感。

不過，種樹過程中可能會遇到一些想都沒想過的「困擾」。本書集結了當你遇到這些「困擾」時，能迎刃而解的智慧與線索。

初春冒芽
➡長不出新芽
➡種植地點適不適合？
肥料是否足夠？
……等

欣賞花朵
➡開不了花
➡剪枝時間對嗎？
肥料是否足夠？
……等

在綠蔭下放鬆

➡葉子掉落

➡有無病蟲害？
使用的土壤合適嗎？
……等

享受收成

➡結不出果

➡花朵是否掉落？
剪枝時間對嗎？
……等

秋天紅葉

➡葉子沒變紅

➡日照足夠嗎？
有無病蟲害？
……等

庭院象徵

➡長太大

➡剪枝方式合適嗎？
肥料是否過量？
……等

是什麼樹木？

了解樹木的性質

要更專業一點的話，樹木應該名叫木本植物，地上部會經年累月成長肥大，此過程又稱為木質化。另外，還會依樹高（喬木、灌木）、是否僅冬天落葉（常綠、半常綠、落葉）、葉子形狀（闊葉樹、針葉樹）加以區分。竹子、赤竹則同時具備木本與草本植物特性。

如果是在野外大自然的山裡，所有樹木都能很協調地自成景色。不過，如果是人造「庭院」，放任不管可是會變得雜亂無章。照料樹木之前，要先從了解樹木做起。

依照庭院的面積與目的，針對植物原本的大小所調整出的形狀稱為「自然樹形」。樹幹形態可分成主幹形和叢生多幹形。主幹形樹木是指「樹幹」會從四面八方延伸出「主枝」，接著「主枝」又會長出「亞主枝」，構成樹木整體結構。枝葉集結後的狀態稱為「樹冠」，其外輪廓線則叫「樹冠線」。

枝條部位

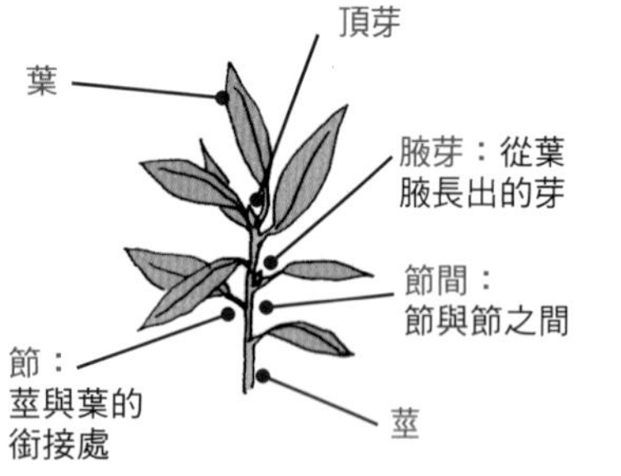
頂芽
葉
腋芽：從葉腋長出的芽
節間：節與節之間
節：莖與葉的銜接處
莖

樹木結構

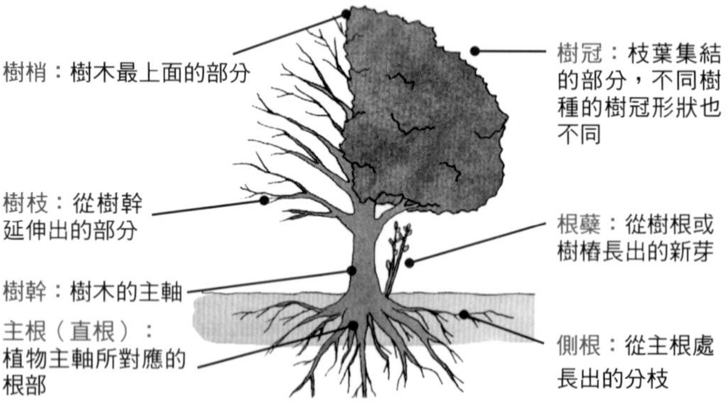
樹梢：樹木最上面的部分
樹冠：枝葉集結的部分，不同樹種的樹冠形狀也不同
樹枝：從樹幹延伸出的部分
根蘗：從樹根或樹樁長出的新芽
樹幹：樹木的主軸
主根（直根）：植物主軸所對應的根部
側根：從主根處長出的分枝

樹高

一般來說，長超過 5m 的樹木稱喬木，低於 5m 的是灌木。有時也會將高於 15m 的稱為大喬木、6 ～ 15m 稱中喬木、3 ～ 6m 稱小喬木、1 ～ 3m 稱灌木、不滿 1m 的叫小灌木。

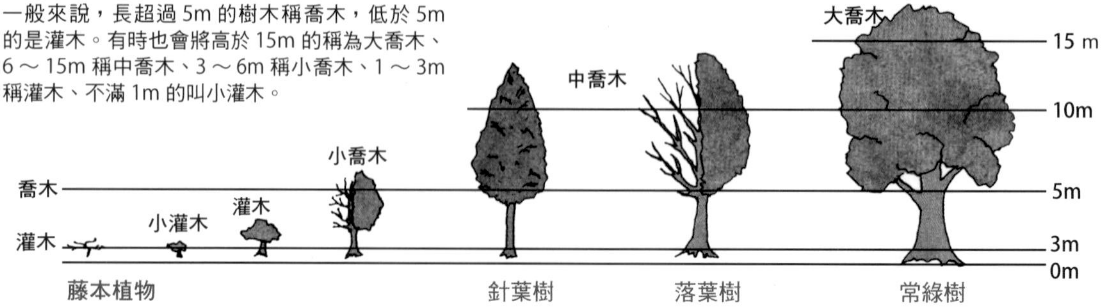
大喬木
中喬木
小喬木
灌木
小灌木
喬木
灌木
15 m
10m
5m
3m
0m

藤本植物
無法自立，需有對象攀附的植物，又可分成木本蔓藤與草本蔓藤

針葉樹
有著如針狀的細葉，且相當耐寒

落葉樹
葉子會在一年內的某段期間全部掉落

常綠樹
一整年都會有綠色葉子

方便的器具與使用方法

好用的器具 能提升作業效率

定植、移植或剪枝時，如果手邊能有一些自己熟悉又很好用的器具，管理上也會更加順暢。定植樹苗時主要會用到大鏟子和移植鏟。剪枝會建議準備剪枝鋏、植木鋏，再搭配上剪枝鋸、樹剪共4樣工具。刀具使用後的保養步驟很重要，一定要洗掉樹液、泥土等髒污，並且擦乾後再收好保存。

準備用品中還包含工作梯。如果站立姿勢錯誤或攀爬於建物上很容易腳滑摔傷，所以務必挑選符合用途，高度合適的工作梯。

各種器具

刀子
鐮刀
澆水器
噴霧器
修枝鋸
工作梯
麻繩
高枝剪
植木鋏
移植鏟
剪枝鋏
附蓋桶
樹剪
大鏟子
園藝防污墊
掃把畚箕

小掃把

用來清理小落葉、針葉樹葉子、苔癬植物或花圃上的落葉時相當方便。

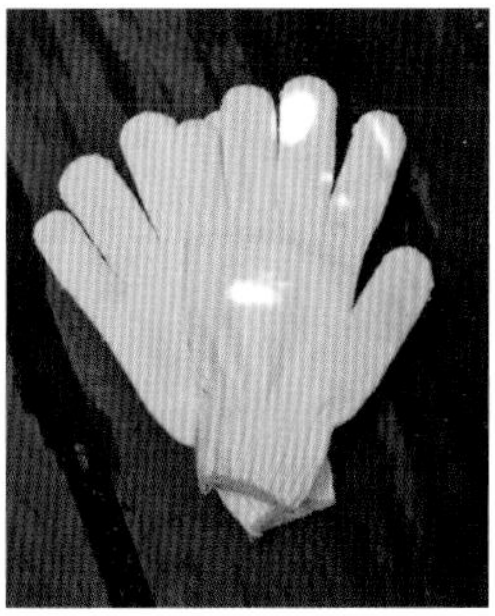

手套

有了手套就能避免摸到尖刺或入夏常見的毛蟲，作業上會更安全。

樹木種類與喜愛的環境

根據森林裡樹木原生的地點能得知每個樹種喜愛的環境

各位是否曾走進自然森林裡？想要了解樹木性質，就要先仔細觀察森林或雜木林的自然狀態。因為，能自然生長的環境，才是最適合該樹種的環境。

茂密的落葉闊葉林會伸展枝葉，高聳豎立在森林中心處，林蔭下方的草量相對較少。反觀，森林的外圍會長滿著灌木、山野草等各種植物。

這也代表著枹櫟、昌化鵝耳櫪、大穗鵝耳櫪、安息香、加拿大唐棣、楓樹等落葉闊葉樹種喜愛日照，所以就很適合種在可照到陽光的地點。

另外，在上述樹種的樹蔭範圍及林子周圍則可種植柃樹、大柄冬青、腺齒越橘、大葉釣樟等株型較小，不耐陽光直射的樹種。因為這類樹木適合種在半日照環境。

要像這樣先掌握各樹種在山林裡的生長環

在建物周圍種植枹櫟、大穗鵝耳櫪、楓樹，並於其間穿插種植柃樹、三椏烏藥、喬木繡球，接著在最外側設置低柵欄或樹籬。因為植物都種在適合的位置，所以生長狀態絕佳。

境，才能與樹木培養良好且長遠的關係。

任樹木隨意生長或修剪方式錯誤都會使樹形雜亂

位於日本東京的玉川上水綠道旁有片雜木林，因為放置超過50年都未整理，導致樹木長得相當龐大，不僅堵住水路，就連相鄰的櫻花樹也開不了花，於是決定執行採伐計畫。如果環境日照良好，再加上水分養分充足，放任樹木生長就會像這樣變得太過龐大。

然而，如果直接將這些太過茂盛的樹木攔腰截斷，切口反而會像噴泉一樣，萌生大量細枝，使得頂端枝條交錯，變得像鳥巢一般。除了有損原本應有的爽颯樹形，也很難維持庭園樹木具備的美觀，所以，剪枝是控制樹木生長不可或缺的環節。

雜木類佔據了玉川上水綠道內側。從正側方看的話，會發現幾乎看不見兩旁的櫻花樹，中間的雜木反而像座山一樣生長茂盛。

玉川上水綠道的雜木採伐區域。採伐掉太粗太大的雜木，保留部分較細較年輕的樹木。如此一來不僅變得明亮、通風良好，水流也跟著變順暢。

喜好日照的樹種

垂絲海棠

吊鐘花

喜好半日照的樹種

瑞香

山茶

基本用土與土壤改良材

基本用土與功能

想讓植物長得好，關鍵在於挑選適合植物的用土。土，由土壤粒子、空氣、水3個部分構成，當三者夠協調，才稱得上是排水保水性佳且兼具保肥力的土壤。土壤的結構可分成團粒結構和單粒結構，前者較適合植物生長。團粒結構的粒子較大，能保有的水分和氧氣較多，這時穿越生長於土壤粒子間隙的根部才能又長又粗。而單粒結構的粒子較小，反而會使根部長得又弱又細。那麼上面的枝條也無法茂盛，整棵樹木會難以健全生長。

另外，土壤是酸性還是鹼性將取決於氫離子濃度，一般稱作「pH值」。其中要特別注意所有的杜鵑花科，像是杜鵑花類、常綠杜鵑類，以及藍莓樹都偏好酸性土，適合挑選赤土（赤玉土）、鹿沼土、泥炭土、泥炭蘚。其他植物則可將弱酸性的赤土（赤玉土）混合土壤改良材，調配出更合適的土壤。當然，各位也可以直接選用「藍莓專用土」這類為各種植物生長調配而成的市售培養土。

單粒結構的土壤

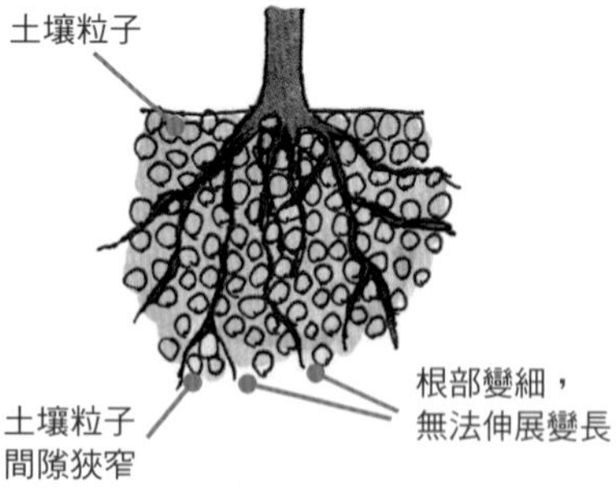
土壤粒子
土壤粒子
間隙狹窄
根部變細，
無法伸展變長

團粒結構的土壤

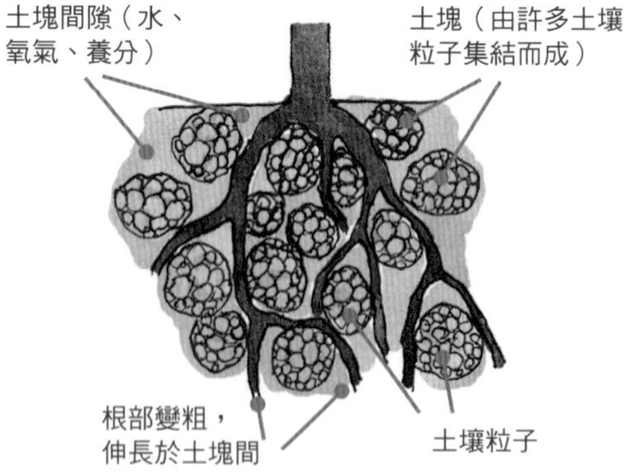
土塊間隙（水、
氧氣、養分）
土塊（由許多土壤
粒子集結而成）
根部變粗，
伸長於土塊間
土壤粒子

小顆粒
中顆粒
大顆粒

赤玉土

盆植樹木時，赤玉土為基本用土。

土壤改良材的種類與性質

在用土裡混入有機質土壤改良材將有助團粒化，提高土壤的透氣性、透水性、保水性及保肥力。另外還能促進土壤中有用微生物活動，幫助植物根部伸長，讓枝葉更加茂盛。如果將腐葉土混入小顆粒～中顆粒的赤玉土，在雨水的影響下，會使土塊崩解，甚至改變團粒結構。那麼只要過個半年，土壤粒子就會瓦解，使土壤排水性變差。定植時以6～7：4～3的比例調配赤玉土及腐葉土的話，將能讓團粒結構維持2～3年的良好狀態。

腐葉土配方

腐葉土是落葉等枯腐物在微生物作用下分解而成的資材。與土壤粒子混合後，就能變成團粒化的肥沃土壤。「赤玉土7：腐葉土3」的比例能讓植株根部佈滿土團，避免地上部的莖幹與枝葉傾倒，同時也是提升排水保水性與保肥力的配方。不過，如果比例顛倒「赤玉土3：腐葉土7」的話，土中氧氣和水分會變多使土壤質地過軟，這時根部將無法順利伸長，只要稍微風吹就可能傾倒，所以要挑選適合的配方比例，才能讓植株健全生長。

各種腐葉土

日本國產闊葉樹葉片腐葉土的排水性佳、保肥力足，能讓樹木生長健全。海外進口的腐葉土顆粒有時會不夠紮實，導致根部難以伸長開來。

含樹皮堆肥
的腐葉土
（進口）

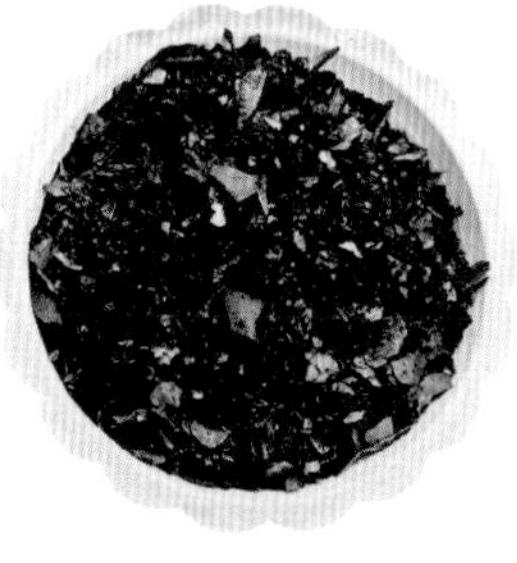

使用日本國產
闊葉樹葉片
的腐葉土

有機質土壤改良材……	腐葉土、泥炭土、泥炭、樹皮堆肥、樹皮堆肥、排泄物泥炭、堆肥等
無機質土壤改良材……	真珠石、蛭石、石灰等

矽酸鹽白土

把加工成顆粒狀的矽酸鹽白土混入用土中將有助根部伸長，且不易出現根腐病。

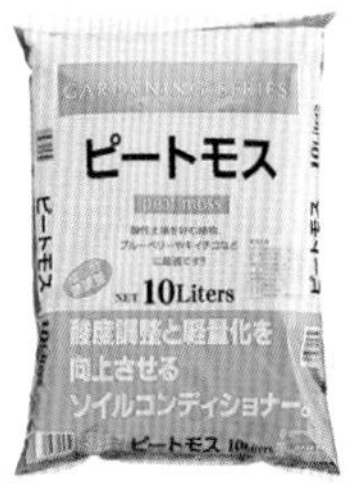

泥炭土

杜鵑花科或種植藍莓不可或缺的用土，有些泥炭土已調整酸度，請確認包裝標示選購。

在庭院或用盆缽種樹

盆苗或捆根苗 一年四季皆可定植

苗木定植庭院時，建議挑選樹高1～2m，至少養護3個月～半年的盆苗或捆根苗。因為這些苗木根部生長已十分健全，只要不是盛夏或嚴冬期間，基本上一年四季皆可定植。

以常綠樹來說，適合的定植期為春～秋季，落葉樹為冬～春季，在對的時期定植，樹根成活率才會高。小型嫁接苗木或實生苗等成活率低的苗木更要選在適當時期定植。

用麻布或稻稈捆包的苗木，可直接植入土中。

捆根苗

小心挖掘避免附著根部的土壤掉落，再將土團以麻布或稻稈捆包的苗木。苗木可分成捆根苗、盆苗和裸根苗。

定植後到進入秋季以前 每天澆水1～2次

定植苗木之後，最重要的工作就是澆水。

我們很容易以為，只要看見土壤表面變溼，就代表已經澆水了。其實這樣的水量並不足夠，樹木會因此枯萎，甚至難以撐過夏天。

建議方法為「夏天的早上、傍晚各澆水1次。春天和秋天則是一天1次。每次澆水至少停留3秒。不要用澆水器，改用水管接蓮蓬頭澆水，且每棵樹木都要重複澆水至少2次」。因為所有樹木都需要相當於土團容積的水分。

樹高不超過2m的苗木 可自行以「水培法」移植

移植苗木的關鍵在於運用「水培法」。植樹業者或造景業者在種樹時，一定會用這個方法，靠水的力量讓苗根與土壤確實結合。

定植用苗木可大致分成三種規格。高度1m以下的實生苗、1～2m的捆根苗或盆苗，超過3m的苗木則多半為捆根苗。如果樹高不超過3m，基本上都可以自行定植，但建議若要自己處理，樹高介於1～2m即可，才不會太過勉強。

超過3m的大苗木無論在搬運或挖洞定植都是浩大工程。有時這類苗木還是需要專門起重機才能搬運，建議委託植樹或造景等專門業者。

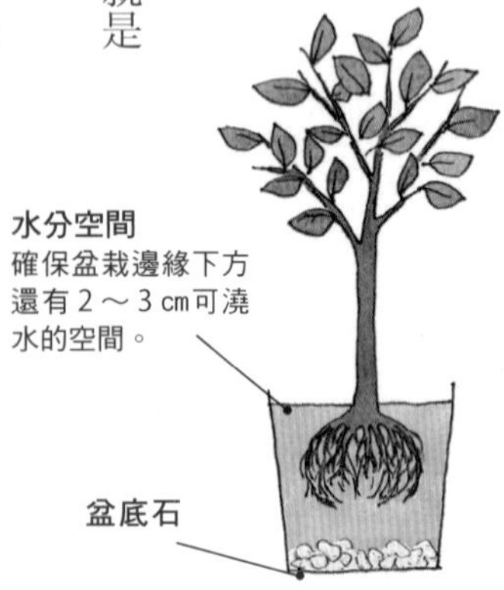
水分空間
確保盆栽邊緣下方還有2～3㎝可澆水的空間。
盆底石

將苗木植入盆栽

定植苗木時，如果表土有長雜草就必須先拔除。若使用嫁接苗，記住用土不可埋到嫁接口的位置。

搭配水培法的定植苗木

可以購買改種在不織布美植袋，養護一段時間的苗木，樹高約 1m。（刻脈冬青）

1 用尖頭鏟挖一個比盆苗土團再大一圈的植穴。

2 從盆栽拔出土團。如果是不織布美植袋，則要先將不織布拆除。

3 小心地將土團放入植穴。

4 稍微拉開與苗木的距離，從遠處觀察枝葉方向，以及整體外觀。

5 決定好種植位置和方向後，回填土壤至植穴1/2高。

6 拉水管於土團周圍澆水，分數次灌入大量水分，靠水的力量讓根部與土壤結合。

7 灌完水後，再將土壤填至原本的高度。

8 以腳用力踩踏植株周圍的土壤，讓土壤變紮實，固定好植株。

定植前先整理苗木，提高成活率

購買盆苗，枝條混雜生長。

↓

截掉1/3的枝條，能減少葉子蒸發掉太多水分。

肥料種類與施予方法

為庭木、花木施肥

如果是將樹木種在庭院，其實用肥量無需太多，但肥料不足可能會使樹木開不了花、結不出果，所以還是要在適當時期施予適量肥料。

盆植樹木不像直接種在庭院，根部能朝四面八方伸長，且土壤容積有限，養分很快就會流失，因此必須定期施肥。

植物生長所需的無機物成分約16種，「肥料三要素」則是指氮、磷、鉀。這些元素存在於大氣中，但植物本身無法固定吸收，所以必須靠施肥補充。其他元素則負責幫助這三種要素發揮功能，因此微量即可。

需要肥料的時期，介於根部即將邁入伸長至活動旺盛期間。種植時，務必在植物生長期間確實施肥，以防缺肥。

肥料施予時期及方法

氮（N） ＝葉肥	有助莖葉生長，春天生長初期會需要較多的氮肥。過量雖然能讓莖葉伸長，卻會因此弱化，影響開花結果。油粕中含有大量的氮。
磷（P） ＝花肥、果肥	花朵與果實生長不可或缺的成分。不足會影響生長，但也無須過量。骨粉和蝙蝠糞肥中含有大量的磷。
鉀（K） ＝根肥	有助根部生長，用量不必像氮、磷那麼多。草木灰含有大量的鉀，另外像是油粕、魚粉、米糠、發酵乾雞糞則含有 1 ～ 2% 的鉀。

肥料施予時期及方法

寒肥

在 2 月前的冬季期間，於靠近盆栽邊緣處挖 2 ～ 3 個洞穴，並放入有機質肥料。

追肥

9 月中旬～ 10 月期間，取等量的有機質肥料和化成肥料混合後作施肥。這個時期施肥並不會誘發花芽生長。

禮肥與追肥

開完花後立刻施予顆粒化成肥料作為禮肥最合適，但也可以在 5 ～ 9 月期間將稀釋液肥取代澆水，以每月 2 次的頻率澆淋植物，同樣能避免缺肥。

有機質肥料與化成肥料

施予有機質肥料後無法立刻看出效果，它必須透過微生物經發酵分解後，才會被植物吸收，所以要在需要肥料的 1 ～ 2 個月前，就先施予才能發揮功效。

有別於有機質肥料，將 2 種以上成分以科學方式合成的肥料稱為「化成肥料」，方便使用，因此相當受歡迎。肥料顆粒表面有極為細小的孔洞，吸收水分後，養分會從孔洞慢慢釋放的肥料又叫作「緩效性肥料」。

液肥的調配與施予

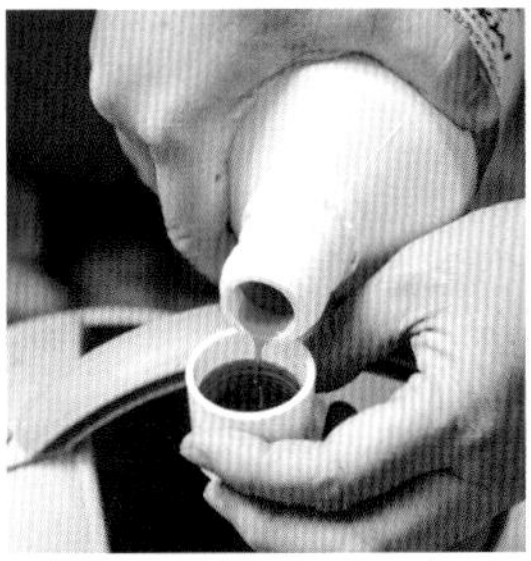

1
取好水量，以杯蓋量取液肥。

2
先依稀釋比例於澆水器倒入所需的水量，接著加入所需的液肥量。

3
將稀釋後的液肥倒入盆缽中，一直到液肥從底孔流出。

方便的肥料與營養劑

營養劑
能夠促進根部伸長、幫助嫩芽發育、提升肥料吸收力，對於植物狀態的恢復及生長有所幫助。

液體肥料
大多數的液肥產品必須依比例加水稀釋。功能上可分成幫助植株生長、提高開花品質等，可依目的作選購。

緩效性化成肥料
合成 2 種以上的養分，相當方便使用。每種產品的顯效期都不太相同。

各種市售肥料

居家修繕中心及園藝店的資材銷售區會陳列各種肥料。請依植物種類及用途，挑選適合的肥料。

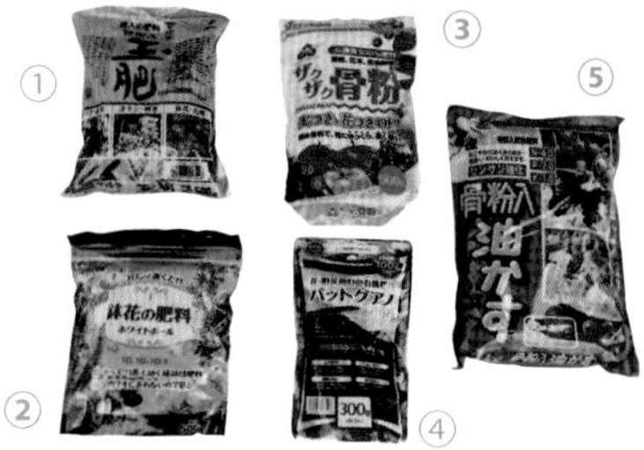

① 玉肥
如指尖般大的固態肥料，將骨粉與油粕混合發酵製成。氮磷鉀含量分別為 5%、4%、1%，是使用上相當方便的遲效性肥料。

② 化成肥料
像大豆一樣大的白顆粒，裡面包含氮 10%、磷 10%、鉀 10%、苦土 1%，既美觀又方便使用。苦土就是鎂（Mg），也是微量元素之一，能讓氮磷鉀對植物發揮作用時更有效率。

③ 骨粉
將動物骨頭磨粉製成，裡面包含磷酸 20%、氮 2%，更是最常見的磷肥。但因價位較高，建議與油粕以 7：3、6：4 或 5：5 比例調配使用。另也建議先加水搓揉，待 1 次發酵後再使用。

④ 蝙蝠糞肥
除了磷酸 25%、鈣 35%，更含許多微量元素，對於開花、結果很有幫助。

⑤ 油粕
已添加骨粉，成分含量也調整為氮 4%、磷 7%、鉀 1%。可與土混合作為基肥，如果是用於盆栽，則建議先加水搓揉，待發酵後再使用。

盆植的施肥

作為寒肥的固態肥料
如果是用固態肥料或顆粒肥料來追肥及禮肥，也可以採用相同施肥法。

沿著盆缽邊緣，於 2 ～ 3 處放置肥料。

也可每月 1 ～ 2 次澆淋液肥取代澆水。

購買苗木的地點與網路商店

挑選健壯、美麗且好種的樹木

目前出現許多既耐暑又耐寒，尺寸小巧，無論是狹窄庭院或盆植都能順利生長的新類型樹木。其實過去就已普及的樹種當然也有小型、健壯且適合盆植的類型，但目前培育的新類型花木、庭木、果樹更結合了「無論寒暑，能於嚴苛環境下健全生長並開花」、「照料輕鬆」、「一年四季均可開花」、「帶有香氣」四項訴求，各位皆能試種看看。就算是公寓陽台也很好種，更能為庭院帶來點綴，栽培起來輕輕鬆鬆。

穗花牡荊「Blue Diddley」

美洲風箱果「Tiny Wine」

喬木繡球粉色的「安娜貝爾（Annabelle）」

圓錐繡球「Little whip」

小林ナーセリー

旗下品牌「Gran Garden」專門生產、販售一年四季均可開花的花木，以及可透過五感體會新感受的庭木。好照顧、香氣宜人的花木及葉色繽紛的樹木最受喜愛。

〒334-0059
埼玉県川口市安行 944
048-296-3598
FAX. 048-296-3340
http://kobayashinursery.jp
http://grangarden.com/

日本國內園藝店推薦清單與網路商店（2020 年 12 月資料）

＊僅列出店家總公司或本店資訊。
分店資訊請參考各業者網站。

京阪園芸
大阪府枚方市伊加賀寿町 1-5
072-844-1781
https://keihan-engei.com
＊英式庭園商店、網購、型錄

国華園
大阪府和泉市善正町 10
0725-92-2737
www.kokkaen.co.jp
＊直銷店：園藝中心（和泉本店）、二色之濱店　另有網購

グリーンセンター芳樹園
広島県東広島市八本松東 7-13-12
082-428-5271
www.houjyuen-web.co.jp

サカタのタネ
横浜市都筑区仲町台 2-7-1
045-945-8800
https://sakata-netshop.com
＊直銷店：横濱園藝中心（045-321-3744）另有網購、型錄

ザ・ガーデン本店
横浜市港北区新羽町 2582
045-541-4187
https://thegarden-y.jp
＊港北 NT 店、多摩店、トレッサ横濱店、中山店（仙台）

タキイ種苗（本社）
京都市下京区梅小路通猪熊東入南夷町 180
075-365-0123
https://www.takii.co.jp
＊業界最大。提供網購、型錄

真鍋庭園
北海道帯広市稲田町東 2-6
0155-48-2120
http://www.manabegarden.jp
＊日本首座松柏花園　提供網購

ジョイフル本田ガーデンセンター（總公司）
茨城県土浦市富士崎 1-16-2
029-822-2215
http://www.joyfulhonda.com/garden
＊瑞穂店、幸手店、千葉ニュータウン店、宇都宮店等，位於關東地區有多家分店　提供網購

日本花卉ガーデンセンター
埼玉県川口市石神 184
048-296-2321
https://www.nihonkaki.com
＊僅提供網購

オザキフラワーパーク
東京都練馬区石神井台 4-6-32
03-3929-0544
https://www.ozaki-flowerpark.co.jp
＊網購僅提供部分植物

Chapter 2

培育
健康樹木

定植好樹木後，

接著就必須知道如何照料樹木。

本章會介紹該怎麼做，

才能讓樹木健康地在庭院或陽台長大。

落葉樹的管理

落葉樹要在冬天與初夏剪枝 定植與施肥也需在同一期間執行

絕大部分的落葉樹都會在晚秋到冬天的落葉期間確實剪枝，整理出樹形。這個時期的剪枝目的在於預測今後一整年的生長，針對每個樹種進行管控。

原則上會剪掉整體$\frac{1}{3}$～$\frac{2}{5}$的枝條，但每個樹種的修剪位置及方法不盡相同。

另外，冬天是為隔年做準備的重要時期。如果未能確實做好移植、防治病蟲害等作業，春天開始生長就會出現落差。

初夏的剪枝則是為了將過長或錯縱交雜的枝條予以疏枝調整，但也不能因為看起來很雜亂無章，就在枝條生長停止前先剪枝，這樣反而會讓枝葉開始亂竄生長。待新芽及不定芽生長停止後便可疏枝，調整葉數，藉此控制枝條粗細。

無論是新綠嫩葉，還是有著美麗紅葉的楓樹，落葉樹都會是很棒的搭配，它既可作為庭院主軸，也可扮演點綴配角，非常適合在庭院裡少量種個 1 棵左右。

落葉樹生長種植計畫

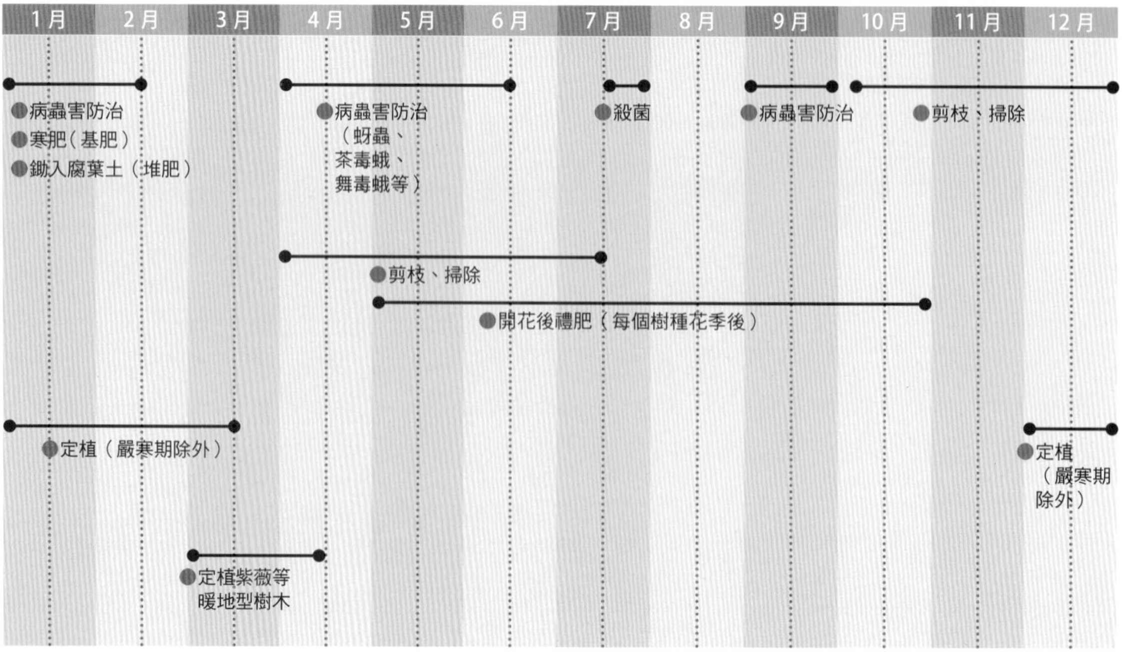
1月
2月
3月
4月
5月
6月
7月
8月
9月
10月
11月
12月
病蟲害防治
寒肥（基肥）
鋤入腐葉土（堆肥）
病蟲害防治（蚜蟲、茶毒蛾、舞毒蛾等）
殺菌
病蟲害防治
剪枝、掃除
剪枝、掃除
開花後禮肥（每個樹種花季後）
定植（嚴寒期除外）
定植（嚴寒期除外）
定植紫薇等暖地型樹木

常綠樹的管理

常綠樹要在3～6月及秋天剪枝 並於溫暖期間定植

常綠樹的萌芽時期比落葉樹晚，所以會等到新葉完全長出，也就是3～6月期間再剪枝。將主幹基部長出的枝條疏掉，修整成自然樹形。另外，為了讓樹木能夠過冬，要在入秋且尚未邁入嚴寒前減少枝葉數量。

常綠闊葉樹中，多數樹種的耐寒程度會不及一般落葉樹，所以要選在非盛夏及嚴冬的溫暖期間定植。

針葉樹大多數的樹種都比闊葉樹更耐寒，可在冬天剪枝，修整樹形。待樹木冒芽前，先預測今後一整年的生長狀況，考量每個樹種的特性進行大小管控。除非是常綠杜鵑類、茶花等會欣賞花朵的樹種，否則不太需要施肥，因為可能會使樹木龐大到無法控制。不耐寒的樹種可在入冬前於植株基部鋪放稻稈或腐葉土加以保護。

秋冬季會開花的樹種不多，茶梅卻能長時間開花，很適合配置於從建物或走道可看見的重點位置。

常綠樹生長種植計畫

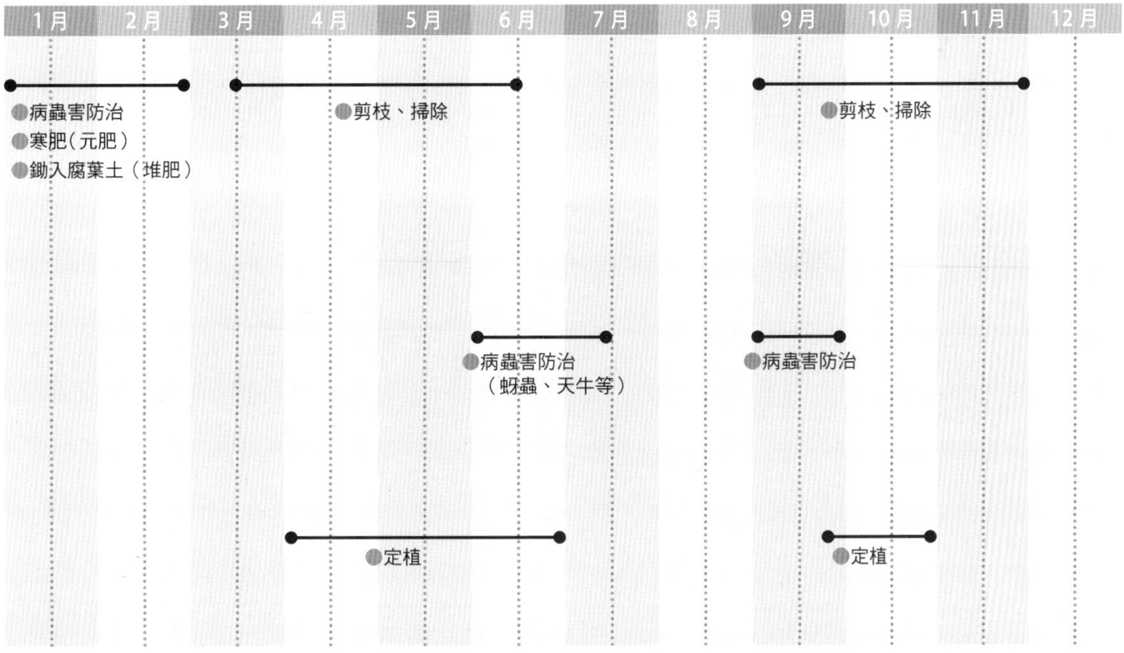

1月
2月
3月
4月
5月
6月
7月
8月
9月
10月
11月
12月
病蟲害防治
寒肥（元肥）
鋤入腐葉土（堆肥）
剪枝、掃除
剪枝、掃除
病蟲害防治
（蚜蟲、天牛等）
病蟲害防治
定植
定植

剪枝的思考方式

修剪成符合庭院環境健全且自然的樹形

在人工所打造出的庭院空間裡，剪枝這個動作能讓景觀與周圍環境看起來協調，且讓樹木穩健生長，修整出樹形。若想讓建物及室內能接收到陽光、庭院通風良好，就必須限制樹高和樹冠寬幅。另外，如果位處道路或隔壁人家目光所及之處，基於隱私考量，就要讓枝條生長，能夠遮蔽外界視線。

剪枝重點在於抑制強勢枝條的生長，同時避免枝條和葉子數量增加。一旦放置不管，任枝條雜亂生長的話，樹冠內部就會接收不到陽光，導致枝條枯萎，病蟲害情況也會隨之增加。這時務必疏掉多餘或過長的枝條，才能幫助樹木健全生長，控制樹形過大。另外，如果樹木都是舊枝條的話也會導致樹勢衰弱，所以必須讓幼嫩的新枝條長出達更新效果。

哪些枝條要剪掉才能打造出美麗樹形

想維持庭院樹木的美麗形狀，就必須疏理修剪枝條，甚至誘引枝條，做好這些照料工作。對於種樹初學者來說，應該很迷惘究竟該剪掉哪些枝條吧。

日本自古稱作「忌生枝」（忌み枝）的枝條如左圖所示，可分成許多種類。留下太多忌生枝的話會阻礙樹木生長，甚至造成枯萎。為庭木剪枝時，除非是一些較特殊的枝條，否則原則上會修剪掉所有忌生枝。

首先，必須掌握哪些枝條要保留？哪些要修剪？

圖中紅色部分是多餘的枝條，也是必須修剪掉的枝條。各位務必學會如何判別哪些能繼續長、哪些要剪掉，才能夠讓樹木維持著自然的風貌。

須修剪的枝條（忌生枝）

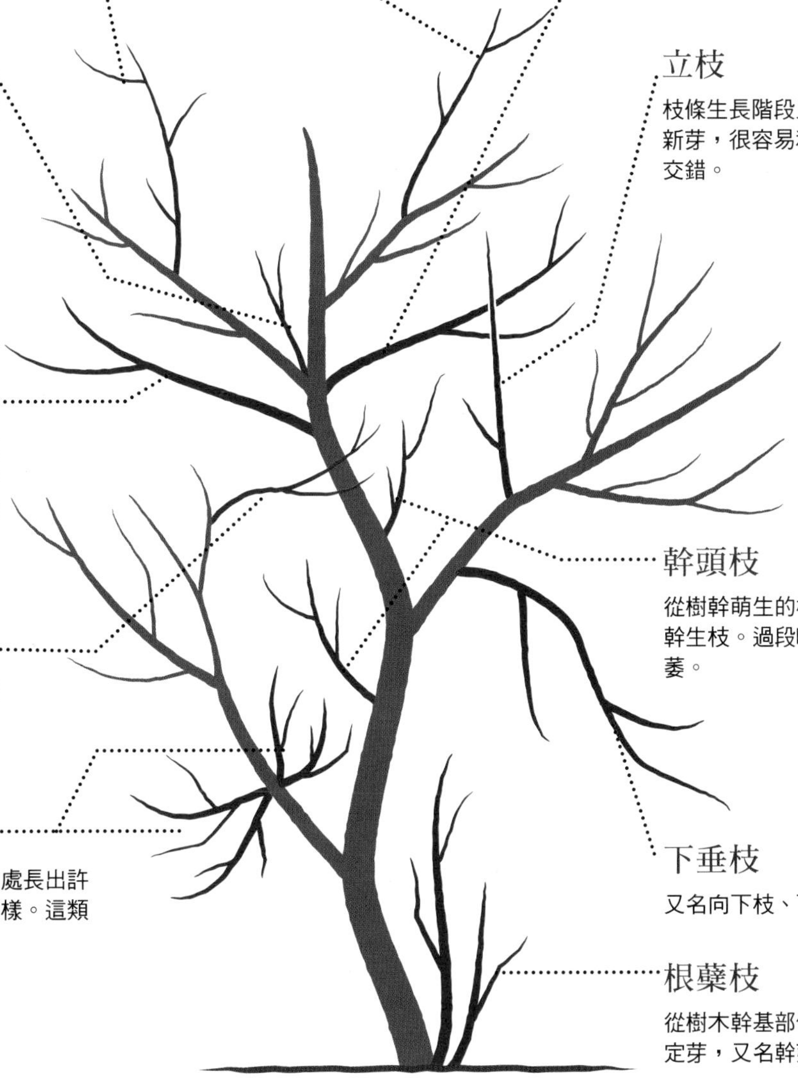

徒長枝

一年的時間就會變得很長，讓節間不斷延伸的枝條。

陰生枝

過一陣子才會從樹冠內側長出的枝條。

平行枝

樹勢相當的枝條朝同方向長出，這時要評估整體協調性，剪掉其中一方。

內生枝

突然萌生朝樹冠內側伸長的枝條。

叢生枝

從樹幹或粗枝的某一處長出許多枝條，就像車軸一樣。這類枝條須及早處置。

對生枝

從樹幹上同個部位的兩側分別長出枝條，這時要評估整體協調性，剪掉其中一方。

立枝

枝條生長階段又朝上萌生新芽，很容易和其他枝條交錯。

幹頭枝

從樹幹萌生的枝條，又名幹生枝。過段時間就會枯萎。

下垂枝

又名向下枝、下行枝。

根蘗枝

從樹木幹基部位萌生的不定芽，又名幹芽枝。

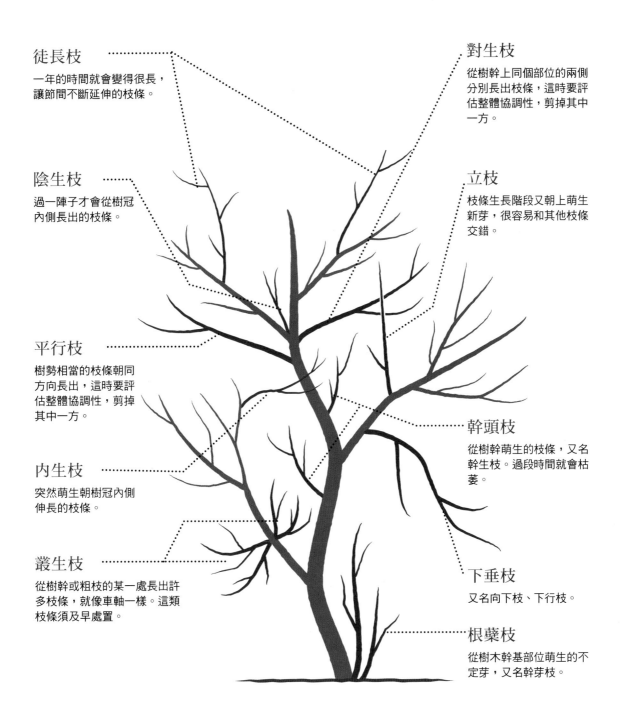

須修剪的枝條●徒長枝

伸長後有損樹木整體協調性。

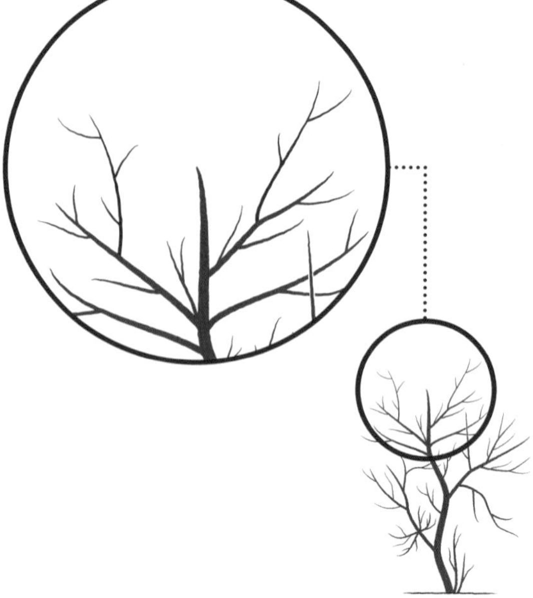

日本山楓的徒長枝長得又高又大。

不斷伸長的徒長枝會讓枝條失去彈性

稍微拉開距離，觀察整棵樹木便可發現，有些枝條會很突兀地竄出，節間又比其他枝條更長，本身粗度相當不自然，那就是徒長枝。

放任不管的話，可能會變成只有徒長枝繼續長粗長大，使整棵樹相當雜亂，充滿毫無風情可言的枝條。

另外，要給其他枝條的養分也可能全部集中到徒長枝，有損樹木整體協調性，失去原本充滿彈性的模樣。

盡量在徒長枝還沒變大前予以修剪

除了開花前和容易罹病的梅雨期間，只要發現徒長枝生長旺盛，就必須盡早修剪，切勿放任不管。因為徒長枝變茂盛的速度可能會快到令人咋舌。

修剪時，務必緊貼著枝條基部下刀，千萬不能因為擔心「留存部位會枯萎」，就保留些許枝條。一旦留存枝條，就可能從該處萌生細枝，屆時必須再次切除。若擔心傷口無法順利癒合，可塗抹癒合藥劑。

須修剪的枝條●下垂枝

影響樹形結構，甚至會造成內部悶熱、損傷、引發病蟲害。

準備修剪掉山茶的下垂枝。

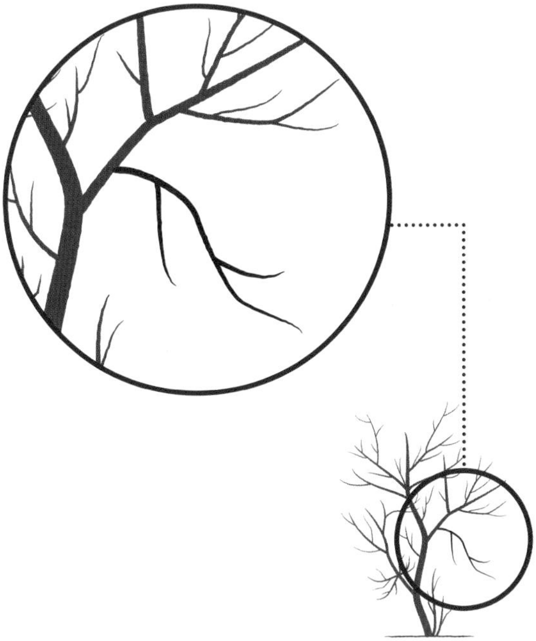

影響樹形結構，阻礙生長，須仔細尋找，確實切除

照理說必須往斜上方生長的枝條卻逆向朝下延伸，甚至與其他正常生長的枝條相接觸。

以落葉樹來說，下垂枝多半會從較粗下枝萌生。如果是常綠樹的話，樹冠內許多部位都會冒出下垂枝，這些下垂枝基本上偏細且容易枯萎，一旦損傷後，就會形成病蟲害的溫床。放任不管很容易讓疾病或害蟲問題變嚴重，所以一定要從基部徹底切除，不可留存。

針葉樹的下垂枝務必緊貼枝條基部予以切除

扁柏、花柏這類針葉樹的樹冠內部有時會長出很多細細的下垂枝。這些針葉樹不太能承受日本夏天的悶熱，一旦樹冠內部枝條混雜，或是剪枝不夠確實，那麼樹勢在夏季會愈趨衰弱，並從下枝開始枯萎且範圍不斷向上擴張。

進入夏天前，必須針對樹冠內部混雜生長的下垂枝從基部予以切除，確保通風，迎接夏天的來臨。

須修剪的枝條●叢生枝

切除樹冠內部生長方向不自然的枝條。

枝條集中冒出，
導致整體看起來非常壅擠。

從基部切除導致樹冠內部雜亂的枝條

叢生枝是指從某一處集中冒出許多細枝條，這類枝條本來可能是樹勢很強的徒長枝，不過因為遭遇颱風、下雪等外在因素，導致枝條攔腰折斷或彎曲。

只要是生長方向不自然的枝條，都必須從基部全數切除。還有一個比較治本的方法，那就是把長出叢生枝的主幹直接切除。如果沒有切除乾淨，就很容易從切口處旺盛長出大量多餘的枝條，所以務必從基部徹底修剪乾淨（※松樹等針葉樹除外）。

內生枝、對生枝、立枝也要徹底修剪

朝樹冠內側逆向生長的「內生枝」；會與其他側枝相接觸，垂直生長的「立枝」；左右對稱生長的「對生枝」，這些和叢生枝一樣，都是會造成樹冠內部生長不自然的多餘枝條。放任不管將阻礙其他枝條的生長，甚至引發病蟲害。

如果是健全樹形，樹冠內部的枝條不會彼此相觸，通風最好也能呈現良好狀態。所以務必從基部切除，枝條看起來才能既柔軟又具彈性。

須修剪的枝條● 幹頭枝

可以用來更新主幹或主枝。

從主幹長出的枝條可以考慮從基部切除，或是改切除舊枝條。

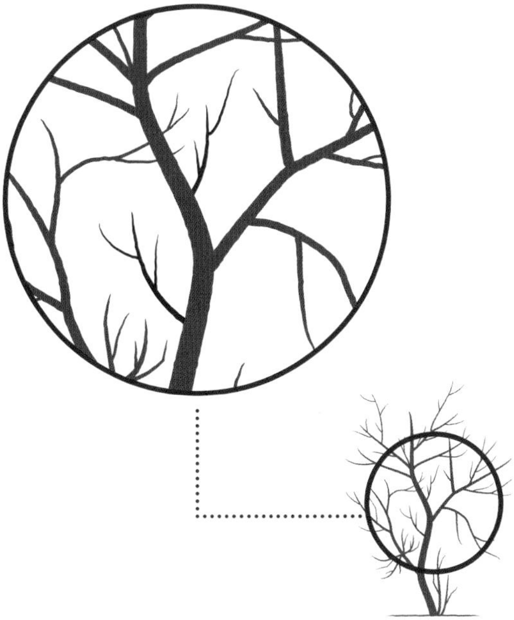

選擇不易長根蘗的樹種及截短主幹相當重要

多數的幹頭枝過個2～3年就會枯萎，原則上建議盡早從基部切除。不過，如果想將喬木類的主幹或粗枝修剪得比較低時，就會保留樹幹下方1/2～2/3位置處所長出的幹頭枝，將能用來替換主幹。

這時多半會保留沿著主幹且稍微立起的枝條，但就算枝條橫長，只要貼緊幹頭枝切除上方的主幹，幹頭枝還是會慢慢地朝上生長豎立。

活用平行枝、陰生枝等主幹及舊枝幹的側枝

幹頭枝是指從樹幹半途冒出的新枝條，廣義來說，平行枝和陰生枝都可以歸類在幹頭枝當中。

無論是想要壓低主幹高度的時候，還是側枝已經變得又舊又粗的時候，只要樹木下方長出細側枝，就能保留這些枝條任其伸長，截掉舊側枝作更新。

陰生枝看起來如果不太健壯，基本上就要修剪掉，但若生長正常，則可保留令其伸長，替未來更新主幹作準備。

剪枝的基本

要從哪裡下刀？思考修剪枝條的順序

想要幫樹木剪個美麗的外型，掌握該剪哪裡以及如何修剪就非常重要。多數人在剪枝時，會先剪掉從樹冠冒出的多餘枝條，但其實這樣的方式並不好。因為一旦剪過頭將無法復原，所以下手前應先仔細觀察整體樹容，思考剪掉哪個枝條才能讓樹木看起來更協調。

修剪主幹以及從地面冒出的枝條時，必須先做到上述步驟。接著再從保留的主幹疏整多餘的粗枝，便能掌握到想要的樹形架構。

修剪粗枝時，要保留領環，步驟請參考下圖所示。接著會進行中等粗度的枝條修剪，截至此步驟都是以鋸子作業。後續步驟則會換成剪刀，修剪較細的枝條。

能保護粗枝切口的修剪法

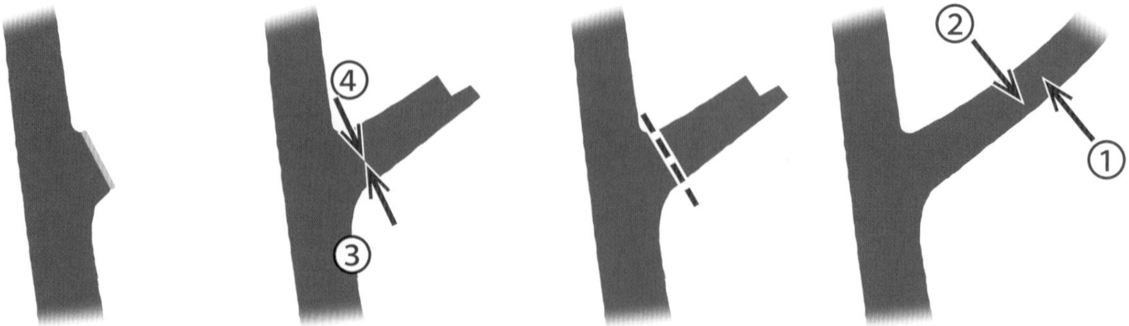

1

先順著①的方向，由下往上切鋸 1/3 深，接著從②位置，完全鋸斷大枝條。

2

鋸下大枝條後，想像接下來要沿著虛線修剪切鋸。

3

先順著③的方向，將剩餘的部分由下往上切鋸 1/3 深，接著從④的位置切斷枝幹，這時要保留領環。

4

於切口塗抹癒合藥劑。

從樹頂依序往下作業確實注意安全

修剪較高的樹木時，須使用工作梯或園藝用梯。因為只要一個沒站穩就會摔落造成意外，所以作業時務必格外小心。使用直梯的話，則要用繩索和樹幹捆綁固定後再作業。

疏理末端小枝條時，訣竅在於須由上往下作業。順序顛倒的話，修剪上方時會掉落枝葉垃圾，壓在原本已經整理完成的下方枝條，那麼就必須多一次清理工作。

還要穿著長袖、長褲、帽子、止滑分趾鞋或運動鞋（踩梯不適合穿著長靴）、園藝用等工作手套。脖子圍繞拭汗用毛巾，還能避免枝葉垃圾落入衣服裡。

✕ 不適合的粗枝修剪法

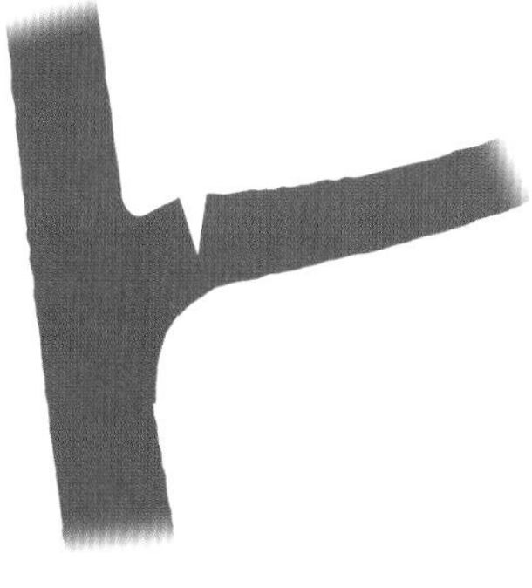

1

由上往下切鋸的話，枝條會因為重量下垂。

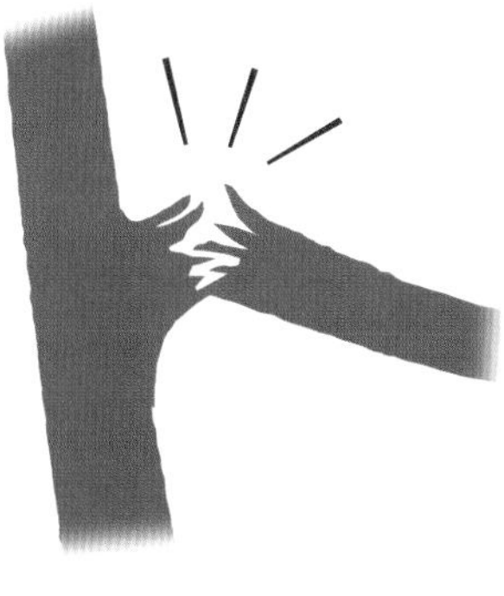

2

若想要一口氣直接鋸斷的話，很有可能會撕裂大片樹皮。

絕對不可以從枝條半途下刀修剪

最關鍵的部分在「切除枝條時，該從哪個部位下刀」。許多剪枝介紹書籍可能會提到「截剪」、「修剪」等各種不同的方法。想要打造出自然樹形，只要掌握「不可以從枝條半途下刀，須順著樹皮緊貼基部切除」原則，就能剪出漂亮樹形。

如果從枝條半途隨意下刀，那麼很快就會冒出新枝條，使整體變得雜亂。

從基部剪掉枝條時下刀位置很重要

剪枝過程中，若想要打造出自然又美麗的樹形，關鍵就是緊貼著基部的樹皮，順著保留枝條的延伸線下刀切鋸。

下刀位置太深會使部分樹皮缺損，影響切口癒合，不僅容易造成斷折，更有損後續生長。

截短主幹時的作法、位置選定和作業要點也都要依照上述原則。

使用新鋸子能加速樹皮傷口癒合。

怎樣的下刀角度才能打造自然樹形？

從基部切掉多餘的枝條。緊貼著基部的樹皮，順著保留枝條的延伸線下刀切鋸。

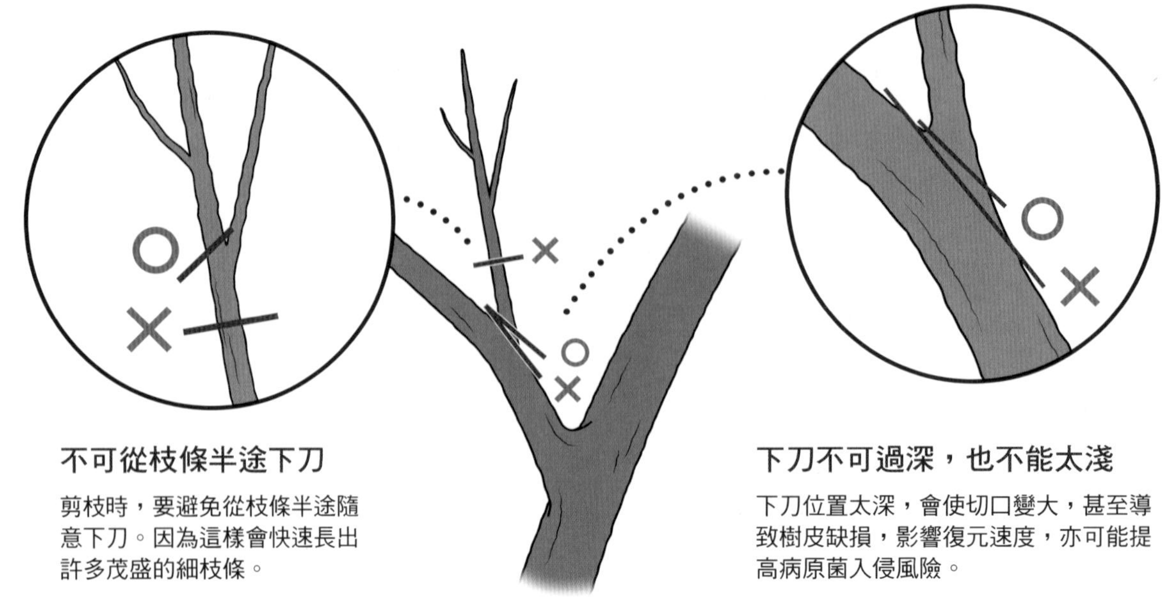

不可從枝條半途下刀

剪枝時，要避免從枝條半途隨意下刀。因為這樣會快速長出許多茂盛的細枝條。

下刀不可過深，也不能太淺

下刀位置太深，會使切口變大，甚至導致樹皮缺損，影響復元速度，亦可能提高病原菌入侵風險。

沒修剪乾淨可是會導致樹形雜亂

不具備相關知識的讀者可能會擔心，「萬一樹木從切口開始枯萎的話就糟糕了」，於是保留了一小截枝條，但其實這樣反而會從殘枝處一口氣冒出大量枝條，容易使樹形變得雜亂。像是大花四照花（花水木）和日本紫莖就很常出現上述情況。

只要把殘枝再次緊貼根部切除即可解決，但如果正值不適合為該樹種進行剪枝的期間，就必須等到時機對了再進行作業。

然而，針對葡萄、繡球花等已知較容易枝枯的樹種，修剪時就要稍微保留殘枝。

只要確實貼著基部切除甚至看不出下刀位置

緊貼基部最下緣處切除枝條，不僅是良好照料方式的關鍵，甚至會漂亮到看不出下刀位置。

只要緊貼基部切除，樹皮就能迅速地從周圍包覆切口，基本上過段時間就看不出究竟是從哪裡下刀。

修剪粗枝時，建議為切口塗抹帶殺菌、防枝枯的癒合藥劑會更加安心。

殘枝會使樹形雜亂

修剪時若未緊貼基部，還留下殘枝的話，殘枝會一口氣冒出許多小枝條。遇到這種情況時，就必須擇期重新切除。

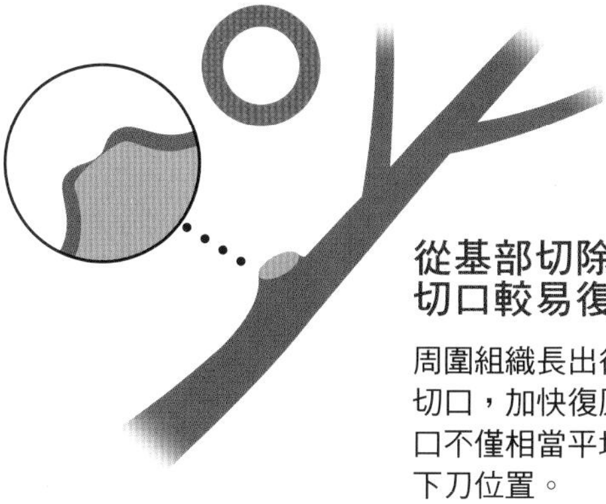

從基部切除，切口較易復原

周圍組織長出後就能立刻包覆切口，加快復原速度。這時切口不僅相當平坦，甚至看不出下刀位置。

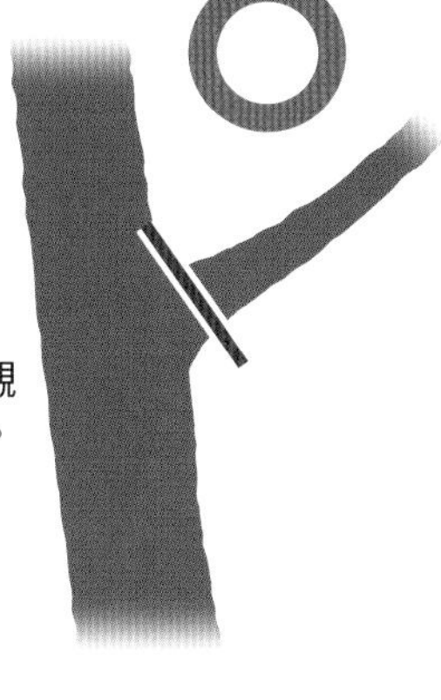

粗枝延伸出的小枝條修剪法

切除枝條，要服貼到甚至從側面觀察時，幾乎看不出該處曾長出枝條。接著在切口塗抹癒合藥劑即可。

樹籬修剪法

用樹籬做出若有似無的區隔

沿著道路種植整排樹木的話，能讓住宅與其他區域之間形成一道若有似無的區隔。但因為區隔用的邊界可能面朝公有道路，也可能是街景的一部份，所以和周圍環境的協調性就非常重要。這時，樹籬就是個非常好融入街景的選項。

照料樹籬時，要注意到一旦枝條過長，就會影響通行。在合適期間予以剪枝，就能避免視線遭遮蔽，當然也就不會影響到車輛行進。

緊鄰別戶人家時，只要在相鄰處種植樹木，整體視線也會跟著改變。另外，種植有刺樹種或在植株基部鋪放砂礫還兼具防賊效果，甚至能阻絕空氣污染及噪音，保護家人與自宅。

打造樹籬的方法

架出四目籬，並將種成一排的苗木和橫條板捆綁固定。〈種植黃楊的情況〉

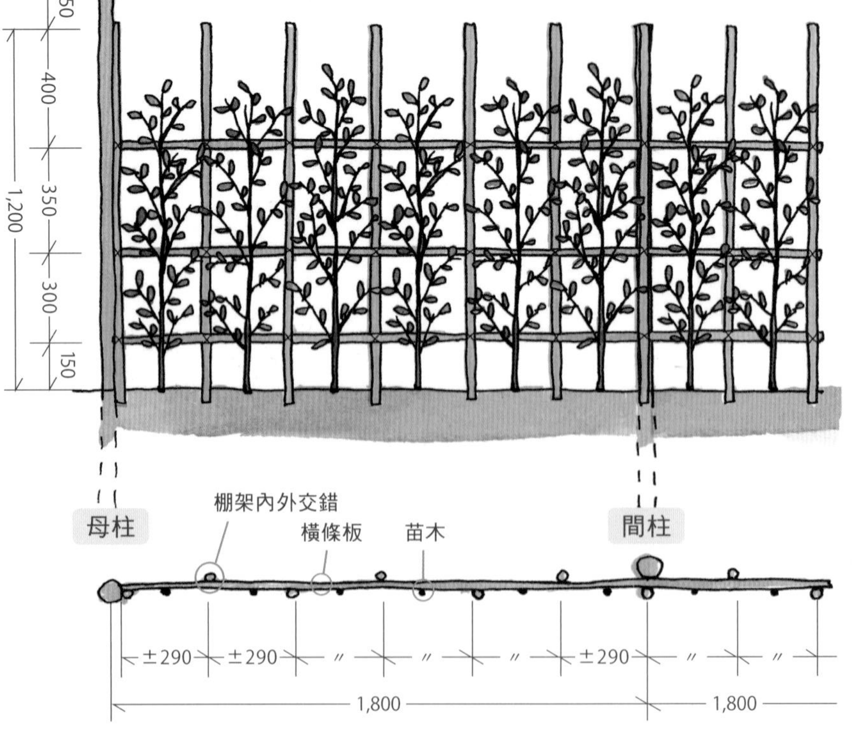

一般的作法是將每一間（1.8m）架出 6 格的四目籬，並植入 6 株 70 ～ 90 ㎝的幼苗，這種配置大約要等個 4 ～ 5 年才會長成漂亮的樹籬。樹籬成形後，落葉樹要在 12 ～ 2 月期間進行強剪，6 月中旬～ 7 月上旬弱剪側面及高度。常綠樹則是於 6 月下旬～ 7 月及 12 月進行修剪。

修整得非常漂亮整齊的羅漢松樹籬。

種植能維護隱私的樹木達圍牆效果

樹籬能遮蔽掉來自外部的視線，把與庭院不搭的景色隱藏起來。如果既想要避免被外面看見，又想把裡面不希望被別人看見的東西加以遮擋，種植夠高、夠密的樹木可說再適合不過了。

另外，若是在靠走道的窗邊、庭院露台，擺上自己習慣的椅子或坐在喜愛的位置，以及步行於走廊時，也都能利用樹木重點式地遮蔽掉電線桿或鄰居的窗戶。

若家中有片大窗，又想要完全遮蔽視線的話，各位可能會選擇圍籬，但刻意架設遮蔽物反而會使空間變得較為昏暗。反觀，樹籬不僅能與庭院融合為一，也能與周圍環境結合，既不會有突兀感，又能夠達到遮蔽效果。

哪些樹種適合當樹籬？

- 吊鐘花會長出茂盛枝條，適合作為較低且密集的樹籬。
- 龍柏任其生長的話，枝條會扭轉地向上生長，使得樹冠會像團火焰狀。
- 光葉石楠則可以選擇新芽冒出時相當漂亮的紅葉石楠，或是耐病性極強的品種「紅羅賓」。

除此之外，假黃楊、檵木、六條木、水蠟樹、月桂樹、紅淡比、齒葉木樨、日本小檗、棣棠花、珍珠繡線菊等也都非常適合作為樹籬。

〈種植松柏類的情況〉

樹用竹籬的棚架全架設在橫條板表面，並於棚架間植入苗木，再用棕櫚繩固定於橫條板。

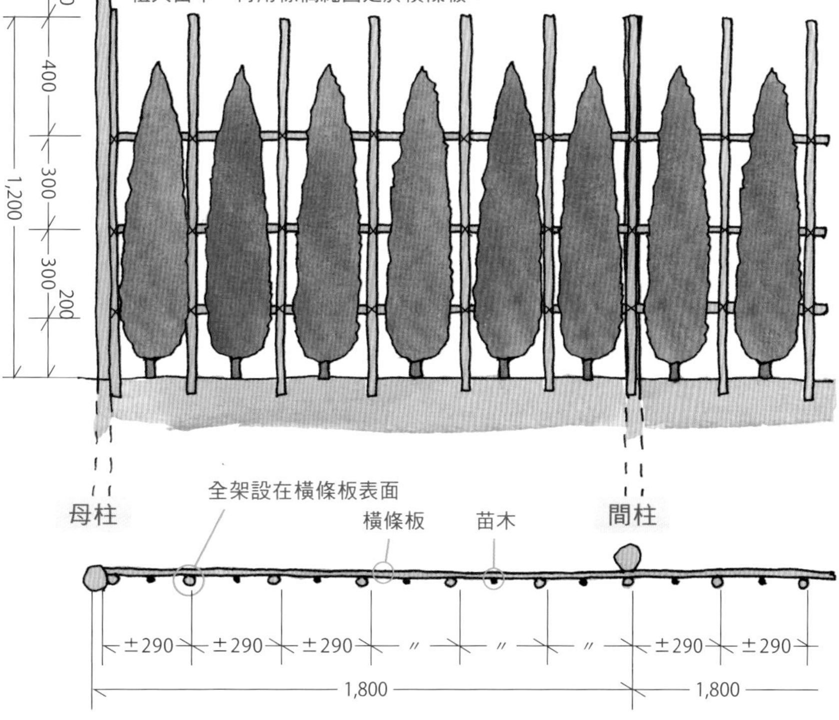

近年，一般人都會想要盡快架設好樹籬，所以不拘泥每一間（1.8m）必須種 6 棵樹，有時可能只種 4 棵、5 棵，甚至是 3 棵大樹，再從兩邊用圓竹條固定。

冬天剪枝與初夏剪枝

初夏、秋～冬期間一年安排2次剪枝最為理想

由於生長循環與生長速度的差異，每個樹種的照料方式不太一樣，但基本上所有樹種只要做到初夏、秋～冬一年2次的剪枝，就能維持美麗且富有彈性的樹形。

首先，針對庭院主體的枹櫟、假黃楊、麻櫟、楓樹等成長速度較快的樹群會進行疏剪，貼著樹幹切除數條粗枝，以控制樹木初夏期間的生長。到了冬天，為了讓主幹得以更新，更要貼著基部切掉過長的側枝，並截除所有多餘枝條，修整整體狀態。

另外，成長速度較快的樹群中又可分成由下切除主幹作更新的樹種，以及運用樹幹半途長出的新枝條更替為主幹的樹種。

針對在庭院中扮演配角，為四季作不同點綴，生長速度較慢的樹群，剪枝的時間與需要修剪的枝條其實跟生長速度較快的樹群

剪枝控制柃木樹高

貼著地面切掉舊粗幹，更新為較矮的根蘗，緊貼基部切除舊枝條，修剪量約為整體的 2/5。

冬天剪枝

1 從接近地面處切鋸老舊的粗主幹，更替成新的根蘗。

2 貼著樹幹鋸掉變粗的舊側枝。

3 截掉朝側邊不斷擴張的徒長枝，讓樹冠變得更小巧。

↓

初夏剪枝

1 貼著樹幹鋸掉樹冠內部裡面老舊的粗下枝。

2 從基部切除老舊粗枝，更替新枝條。

剪枝控制西南衛矛的樹高

從基部將整體 1/3 左右的頂端徒長枝、參雜於樹冠內部的枝條、下垂枝切除，更新主幹，控制樹高。

冬天剪枝

1 貼著樹幹鋸掉老舊的粗側枝。

2 貼著樹幹截掉朝側邊不斷變長擴張的徒長枝。

3 貼著樹幹切除容易往上伸長，冒出頂部的徒長枝。

↓

初夏剪枝

1 從基部處切除舊枝條，更替新枝條。

2 從基部切除變舊的粗主幹，以利更新主幹。

差不了多少，但前者長出的枝條會更細更茂密，所以改用剪刀修剪的機會也會變多。也因為這類樹群的生長速度緩慢，如果一口氣剪掉太多枝條，反而會使樹木枯萎，影響生長，因此剪枝作業必須更謹慎。

生長速度慢的落葉樹

＊

梣樹、大柄冬青、赤楊葉梨、白檀、腺齒越橘、青莢葉、合花楸、毛葉石楠等。

梣樹

常綠樹類群

＊

星點桃葉珊瑚、馬醉木、假黃楊、三菱果樹參、柑橘類、檵木、灰木、刻脈冬青、含笑花、山月桂、光蠟樹、斐濟果、山茶、茶梅等。

柑橘類（日本柚子）

生長速度快的落葉樹

＊

昌化鵝耳櫪、安息香、連香樹、枹櫟、日本辛夷、玉蘭、加拿大唐棣、楓樹、西南衛矛等。

加拿大唐棣

落葉樹剪枝

以落葉樹來說，冬天剪枝象徵著一年的開始，因此非常地重要。這時會去除整體的 1/3 ～ 2/5 的枝條，並仔細處理切口，較大的傷口還要塗抹癒合藥劑。剪枝多半會在樹木休眠期間（落葉期）的冬天進行，不過會建議春天也要把枝條稍作整理，才能用清爽俐落的樹形迎接夏天。

大穗鵝耳櫪春天剪枝

1

冬天剪枝半年後的模樣。樹高伸長，枝條也變多並且都參雜在一起。

2

疏理完右半邊枝條的狀態，接著要處理另一半邊。因為要擺放工作梯，所以剛開始必須先修剪掉會造成阻礙的下枝。

3

修剪掉整體 1/3 枝條的大穗鵝耳櫪。右下方是修剪下的枝條。不僅樹高變低，樹冠也更顯俐落。枝條數減少之後，透氣度提升，枝條整體看起來更加柔軟有彈性。

大柄冬青冬天剪枝

1

春天剪枝半年後的模樣。不僅樹高抽高，所有枝條也都參雜在一起，看起來相當不協調。這時主幹已經分蘖，必須切掉其中一根。

2

貼著地面切掉一根粗主幹後的模樣。左側有長出分離成 V 字形的枝條，把重疊在中間枝條後方的右側枝條從基部整個切除。

3

剪枝後的大柄冬青。修剪掉全部 1/3 的枝條。枝條整體不僅看起來充滿彈性，樹冠也更顯俐落，再加上枝條數量減少，改善了透氣性。

針葉樹剪枝

保有針葉樹整體美麗的樹形非常重要。想讓樹冠和樹高看起來小巧，就必須修剪掉比較多的枝條，大約是整體 1/3 ～ 2/5 的分量，如此一來就能讓枝條連同末梢維持在柔軟有彈性的狀態。

日本榧樹春天剪枝

1

冬天剪枝半年後的模樣。樹高抽高，整體變得密集，並影響透氣性。

2

上半部修剪完成時的模樣，接著會再修剪外圈 1 次，讓整體看來更小巧。

3

剪枝完的日本榧樹。修剪掉全部 1/3 的枝條。樹木本身高度變低，樹冠看起來也相當俐落。因為不再那麼密集的關係，透氣性也跟著改善。

常綠樹剪枝

常綠樹剪枝有兩種類別，分別是山茶、柑橘類等欣賞花果的樹種，以及柃木、假黃楊等欣賞葉子和整體風貌的樹種。原則上會修剪掉整體 1/3 的枝條。

山茶春天剪枝

1

剪枝前的山茶（5 月上旬）。冬天剪枝後已過了半年，不僅植株變高，枝葉茂盛，透氣也跟著變差。

2

由上往下進行剪枝作業。先修剪掉頂部變長的枝條，以調整樹高。

3

由上方開始依序切除參雜在一起的枝條，要從基部剪枝。枝條末梢會長出花芽，所以修剪時不可誤剪要保留的枝條末梢。

4

下方的枝條也要修剪。整理樹形時如果是直接剪掉末梢，那麼會把花芽跟著剪掉，屆時將無法開花。

5

剪枝後的山茶。貼著基部修剪掉約 1/3 的枝條。左下方是修剪下的枝條。不僅樹高變低，樹冠也更顯俐落。枝條數減少後透氣度提升，而保留下的枝條末梢還能開出花朵。

平時就要注意的病蟲害

病害對策

請挑選沒有根瘤的健全幼苗，同時確保良好的日照及通風。鋪放稻稈或落葉，避免周圍的土壤噴濺。環境溼度較高的話，很容易發生黴菌導致的疾病，所以務必去除參雜在一起的枝條，維持通風。絕大多數黴菌造成的疾病都是因為黴菌孢子在下雨後到處飛散，所以可在下雨前一天先噴灑殺菌劑，成效會相當不錯。

一旦病毒入侵將無法復原，這個時候就必須處理掉植株。針對細菌所引發的疾病，發病後投用藥劑的效果其實不太顯著，所以會建議直接拔除染病的植株，避免其他植株遭到感染。如果看到葉子或是花朵發霉，也要頻繁地檢查並且摘除。

白粉病等容易出現抗藥性的病害，則須每7～10天交替施灑不同類型的藥劑，避免形成抗藥性菌。

蚜蟲●將危害許多樹種，一般會以蟲卵狀態過冬，3月下旬開始孵化群棲，並移動到薔薇科或柑橘類樹種形成危害。

茶毒蛾●將危害山茶、茶梅等山茶科樹種。幼蟲更是會成群結隊造成傷害。蟲體有毒毛。以卵塊狀態過冬，幼蟲會出現在4～7月和8～9月兩個時期。

危害植株地下部的害蟲

如果發現幼苗植株變得短小、葉色變淡、凋零、枯萎範圍不斷往上擴張等情況，就要懷疑可能是有害蟲在危害根部及地下莖。種植前做好豔金龜和線蟲防治，可說是相當重要。豔金龜須挖掘地面並予以撲殺。

危害植株地上部的害蟲

在花朵、嫩芽、嫩梢、葉子發現害蟲時，務必確實噴灑殺蟲劑，讓有蟲的部位附著藥劑，也可以用刷子刷掉或用手指捏死。茶毒蛾、美國白蛾這類會成群結隊的害蟲則須在擴散開來之前捏死，或是連同枝葉整個切除。

如果是在莖部、枝條、樹幹、果實上發現蟲糞，可以透過專用藥劑處理，或是從害蟲的糞便排出口，插入金屬絲將其刺殺。藏在莖部當中的螟蛾幼蟲會使侵蝕部位以上的莖葉枯萎，所以要整截切除撲殺。

害蟲對策

請挑選未遭侵蝕，沒有附著害蟲的健全幼苗。蚜蟲、二點葉蟎、粉蝨、纓翅、蛾的卵及幼蟲可能會附著於葉背，務必仔細確認。

二點葉蟎、蟲癭、粉蝨等蟲類喜愛乾燥環境，所以常出現在不會噴到雨水的位置。介殼蟲則是常見於枝條混雜處，所以要注意透氣。

美國白蛾、茶毒蛾在幼蟲還小的時候就會集體活動，如果發現剛孵化出的幼蟲，就要趕緊連同樹葉整個處理掉。

盆植的豔金龜對策

有時為了預防夏天植物缺水，會在盆栽下擺個淺托盤，倒入植株一天能吸收的水分。不過要注意的是，如果盆栽一直處於潮溼狀態，豔金龜會飛來產卵在土中，這時就很有可能出現大量幼蟲侵蝕根部的情況。

如果是種植玫瑰，市面上可以買到驅除土中豔金龜幼蟲的殺蟲劑，只要用直徑1.5～2㎝的棒子插入盆栽，挖出大約$\frac{1}{2}$～$\frac{2}{3}$深的洞並倒入藥劑即可。若是喜愛潮溼環境的無花果，以及可食用果實的莓果類及柑橘類樹種，則可在盆栽上方覆蓋細目網或不織布，預防豔金龜入侵。

豔金龜對策

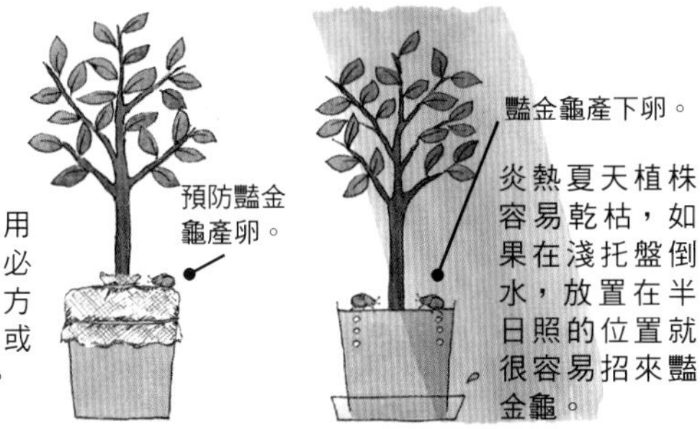
若土壤不施用殺蟲劑，就必須在盆栽上方覆蓋細目網或白色寒冷紗。
預防豔金龜產卵。
豔金龜產下卵。
炎熱夏天植株容易乾枯，如果在淺托盤倒水，放置在半日照的位置就很容易招來豔金龜。

豔金龜危害

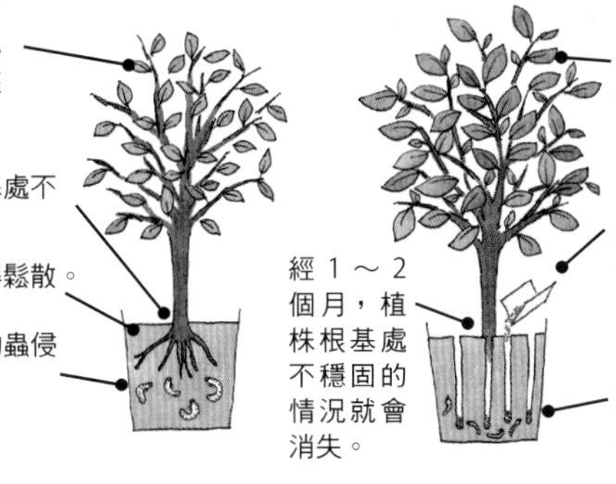
葉片變小且看起來病懨懨。
植株根基處不穩固。
土質變得鬆散。
豔金龜幼蟲侵蝕細根。
經1～2個月，植株根基處不穩固的情況就會消失。
再次長出原本的葉子。
種植玫瑰的話，要在土裡4～5處分別放置殺蟲藥劑。
幼蟲大約在5～10天就會死亡。

方便的園藝用藥物

Orthoran DX 殺蟲粒劑
移植時施撒，其滲透移行性能讓成分從根部擴散開來。

富士切口膏
塗抹在剪枝後的切口，預防枝條枯萎擴散。

介殼蟲噴霧
對介殼蟲的幼蟲和成蟲都有效，噴霧設計使用起來相當方便。

Benica x Next 殺蟲劑
使用於範圍較大的病蟲害，能兼具預防病害及擊退害蟲的殺蟲噴劑。

★請參照藥劑產品標籤，確認適用的正確病蟲害名稱、植物與病蟲害、藥劑之組合、注意事項等。
★請注意切勿使用未經核准之防治藥劑。

順利度過冬天和夏天的訣竅

夏天要預防缺水
冬天要做好病蟲害及禦寒對策

植入樹木迎接第一個夏天，或是植株根部伸長深度較淺的時候，都有可能會因為缺水導致枯萎，所以必須在一大清早或傍晚地溫下降時澆淋大量水分，預防缺水。光是灑點水，土壤表面潮溼帶水分還不夠，而是必須花點時間給予較多的水，讓植株土團最末端也能吸飽水分。

如果是設有水缽盆或流水道的庭院，建議夏天可定期開水流通，那麼水就更容易流至周圍各處。

「鋪松葉」、「稻稈罩」（ワラボッチ）、「サカサボッチ」都是能用來保護庭院植物，不受寒冷、霜雪影響。這些資材保護苔癬、草珊瑚和硃砂根的紅色果實以及寒牡丹的同時，還能營造出冬天的風雅景緻。

「裹草蓆」是把用稻稈編織的「蓆子」圍繞松樹樹幹，等到春天害蟲都跑進「蓆子」時，再將其燃燒除蟲。

←定期讓水流過水道，不僅能維持庭院溼度，還能預防植物缺水。一段時間沒流水的話，苔癬也有可能因此變少。

↓將稻稈穗頭朝上並捆綁成束的傘狀造型稱為「稻稈罩」（ワラボッチ），下圖則為另一種樣式，是將穗頭朝下再做捆綁，日文稱其「サカサボッチ」。還沒鋪松葉前會用來罩住植株。從窗戶看出去能稍微瞥見紅色果實與寒牡丹的模樣實在風雅。

↑夏天開花的圓錐繡球盆植範例。開花前要放在日照良好處栽培，開花後若陽光太過強烈，就須改為半日照管理，這樣花才能開比較久。

Chapter 3

各樹種的生長種植計畫

無論是充滿自然風格，適合天然不造作庭院的樹木、會綻放艷麗花朵的樹木，還是綠意盎然的針葉樹，本章將介紹各樹種的生長種植計畫及管理方法。

- 落葉樹
- 常綠樹
- 針葉樹

梣樹

分類／木犀科　落葉小喬木　樹高／10～15m　花色／白　果實／咖啡　根部／深
生長速度／慢　日照／全日照～半日照　乾溼／乾燥　定植／3～7月、9月下旬～11月

有趣的樹皮紋理和充滿彈性的枝條頗受歡迎

梣樹質地很硬又帶有黏性，所以常被製成棒球球棒。灰白色的樹皮和橫向伸長的柔軟枝條能讓人感受到山林野趣，就算種植在半日照環境看起來也不會覺得鬆散。

生長速度相對穩定，不必修剪過多枝條，就能保有彈性。冬天剪枝時，需要貼著樹幹基部，剪掉約1/3橫向生長的枝條。大約過個幾年，就要運用從下方長出的幹頭枝，貼著基部切除老舊的主幹，以更新樹幹。梣樹本身相當耐熱，但枝條可能會因下雪折損斷裂，所以一般會建議分蘗。初夏期間如果地面冒出新的根蘗，則可從中挑選模樣漂亮者加以保留作為分蘗。螞蟻可能會侵蝕梣樹根部，須多加留意。

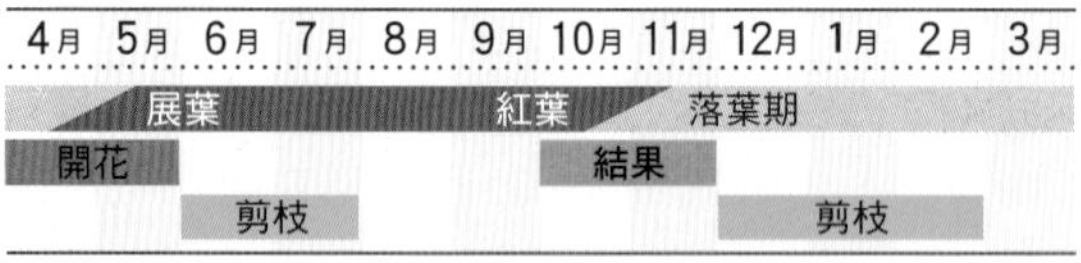
4月
5月
6月
7月
8月
9月
10月
11月
12月
1月
2月
3月
展葉
紅葉
落葉期
開花
結果
剪枝
剪枝

貼著根部掉冒出的茂盛枝條，大約是整體1/3的分量。同時也要每幾年更新1次舊主幹。

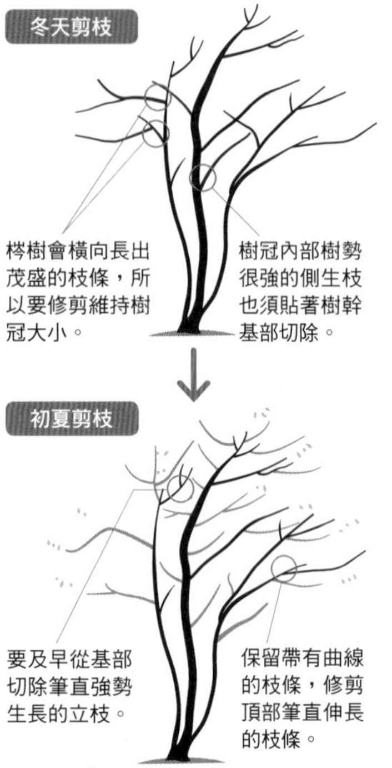
冬天剪枝
梣樹會橫向長出茂盛的枝條，所以要修剪維持樹冠大小。
樹冠內部樹勢很強的側生枝也須貼著樹幹基部切除。
初夏剪枝
要及早從基部切除筆直強勢生長的立枝。
保留帶有曲線的枝條，修剪頂部筆直伸長的枝條。

昌化鵝耳櫪（犬四手）

分類／樺木科　落葉喬木　樹高／15m以上　花色／咖啡（雄花）、綠（雌花）　果實／咖啡
根部／淺　生長速度／快　日照／半日照　乾溼／適中　定植／2～3月、10～11月

最常見的雜木，春天新綠嫩葉與夏天的綠蔭風情令人涼爽

在花穗形狀相似的鵝耳櫪同類中，昌化鵝耳櫪因為不具備新芽為紅色的大穗鵝耳櫪（アカシデ）之特徵，所以另被冠上「イヌ」，日文又名「シロシデ」，或是「ソロ」（中文亦稱犬四手）。樹幹為白色，樹皮上帶有扭轉模樣的獨特樹紋非常漂亮，秋天葉子會變黃。

枝條茂盛，葉子數量也很多。冬天剪枝時，會針對貼著樹幹基部切除下枝樹勢較強的枝條。昌化鵝耳櫪生長速度較快，所以會修剪掉整體1/3左右，相對較多分量的枝條。由於從樹幹長出的枝條數量很多，建議每幾年就要從較低位置長出的幹頭枝中，挑選粗度適中的枝條令其生長，並鋸掉上方的主幹予以更新，如此一來將能讓樹冠縮小一圈。

夏天時只要稍微疏剪枝條即可。

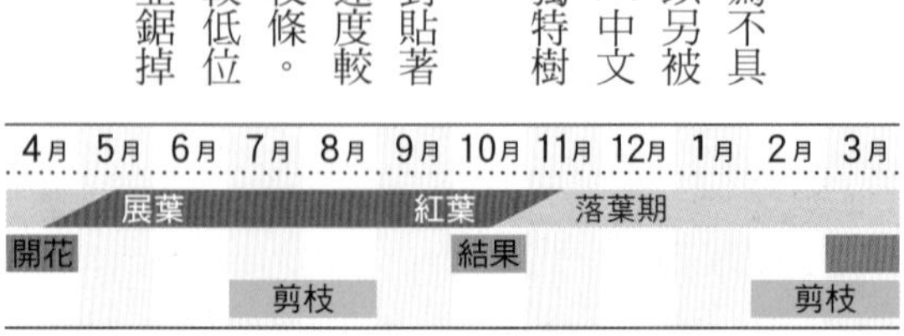
4月
5月
6月
7月
8月
9月
10月
11月
12月
1月
2月
3月
展葉
紅葉
落葉期
開花
結果
剪枝
剪枝

基本上每年都要從基部切除約3/5變大變長的枝條，並以每幾年1次的頻率更新舊主幹。

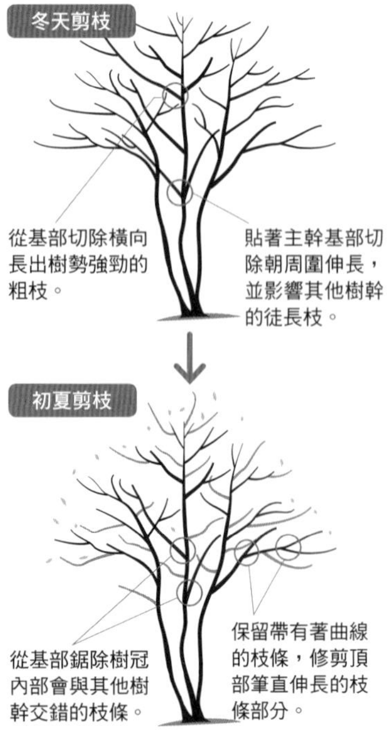
冬天剪枝
從基部切除橫向長出樹勢強勁的粗枝。
貼著主幹基部切除朝周圍伸長，並影響其他樹幹的徒長枝。
初夏剪枝
從基部鋸除樹冠內部會與其他樹幹交錯的枝條。
保留帶有著曲線的枝條，修剪頂部筆直伸長的枝條部分。

安息香

分類／安息香科　落葉小喬木　樹高／約10m　花色／白、淡紅　果實／白　根部／深

生長速度／快　日照／全日照　乾溼／稍微溼潤　定植／10～12月、2～3月

小花會如星星撒落般下垂

初夏會開出如星星般的下垂花朵，花季過後則會結出橢圓形的灰白色果實。果皮含有名為egosaponin的成分，常用於清潔劑或驅蟲劑。

安息香的樹勢強勁，就算是緊貼樹幹基部切除又大又粗的枝條，切口周圍還是會以讓人驚訝的態度長出大量幹頭枝，所以必須趁樹木還年輕，或是剛移植不久的階段就開始慢慢疏理，後續管理時才不用切除粗枝條。若須鋸除粗枝條，務必記住一定要從基部下刀。長出幹頭枝時，則要保留樹勢較弱的枝條，立刻疏理整頓。

這雖然會稍微減少開花量，不過只要種植於半日照環境，就很容易控制整體生長狀況。

4月 5月 6月 7月 8月 9月 10月 11月 12月 1月 2月 3月
展葉
紅葉
落葉期
開花
結果
剪枝
剪枝
剪枝

細細的樹幹會朝四面八方冒出枝條，要趁枝條尚嫩時，就修剪掉一半的分量，避免枝條變粗。

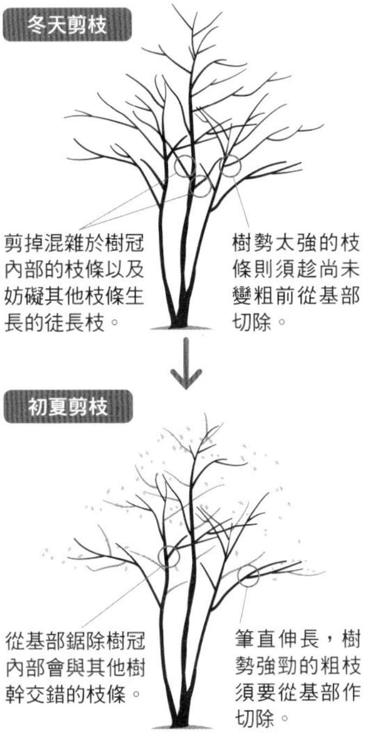
冬天剪枝
剪掉混雜於樹冠內部的枝條以及妨礙其他枝條生長的徒長枝。
樹勢太強的枝條則須趁尚未變粗前從基部切除。
初夏剪枝
從基部鋸除樹冠內部會與其他樹幹交錯的枝條。
筆直伸長，樹勢強勁的粗枝須要從基部作切除。

莢蒾

分類／五福花科（忍冬科）　落葉灌木　樹高／1～2m　花色／白　果實／紅　根部／深

生長速度／中等　日照／全日照～半日照　乾溼／稍微溼潤　定植／12～3月

賣點在於白色小花與秋天的紅色果實

春天會開出一團又一團如花笠般的白色小花，非常可人，秋天還會有紅色果實與紅葉，是一年四季皆精采可期的落葉灌木樹種。葉子呈末端帶尖的橢圓形，帶點藍的粉綠葉子葉脈清晰可見，其特色在於乾燥後會變得有點黑。

莢蒾不太會長出樹勢過強的枝條，算是很好管理的樹種。冬天剪枝時，會鋸掉從樹幹橫向長出的強勢枝條。大約每幾年就要更新一次樹幹。緊貼地面切除變粗的舊樹幹，讓下方冒出的根蘗伸長。

基本上也不太會遇到病蟲害，但還是要注意螞蟻侵蝕根部。夏天特別容易缺水或悶蒸，要多加留意。莢蒾不耐高溫悶熱，建議種在半日照環境。

4月 5月 6月 7月 8月 9月 10月 11月 12月 1月 2月 3月
展葉
紅葉
落葉期
開花
結果
開花
剪枝
剪枝

基本上每年都要從基部鋸除變大變長的枝條，且每過個幾年就要切掉舊幹，更新為新主幹。

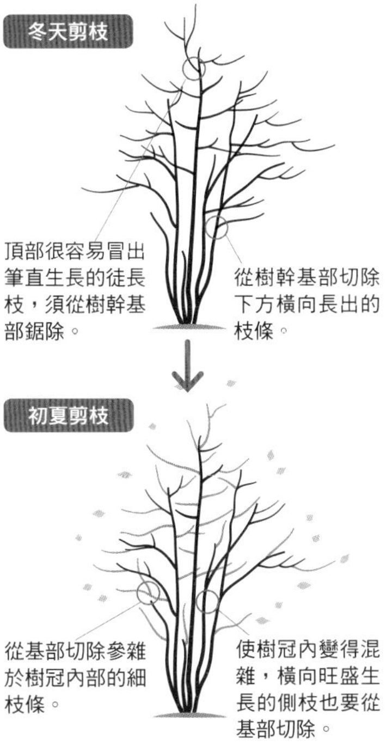
冬天剪枝
頂部很容易冒出筆直生長的徒長枝，須從樹幹基部鋸除。
從樹幹基部切除下方橫向長出的枝條。
初夏剪枝
從基部切除參雜於樹冠內部的細枝條。
使樹冠內變得混雜，橫向旺盛生長的側枝也要從基部切除。

美國蠟梅

分類／蠟梅科　落葉灌木　樹高／1～2.5m　花色／黑　果實／咖啡　根部／適中
生長速度／慢　日照／全日照～半日照　乾溼／適中　定植／2月下旬～3月、11月

高雅的花色很適合作為茶道擺花

美國蠟梅原產北美洲東部，明治時代中期傳入日本。花朵遠看似黑色，仔細一瞧會發現是很深的紅褐色，也因為富含風情，常被作為茶道擺花。因為初夏綻放的花朵與枝條會帶有如草莓般的香甜氣味，所以日文另有「ニオイロウバイ」（氣味蠟梅）之稱。

無論是樹幹或枝條都會筆直生長，整體細緻簡潔。

美國蠟梅生長速度緩慢，就算放任不管，植株和樹形都不容易變雜亂。然而，舊枝條不易開花，過個幾年就要從貼近地面處切除，保留挑選過的新根蘖，將樹幹更新。建議分蘗為五枝，避免單幹栽培。橫向冒出變長的徒長枝則是從樹幹基部切除。

盛夏期間則須留意避免缺水。

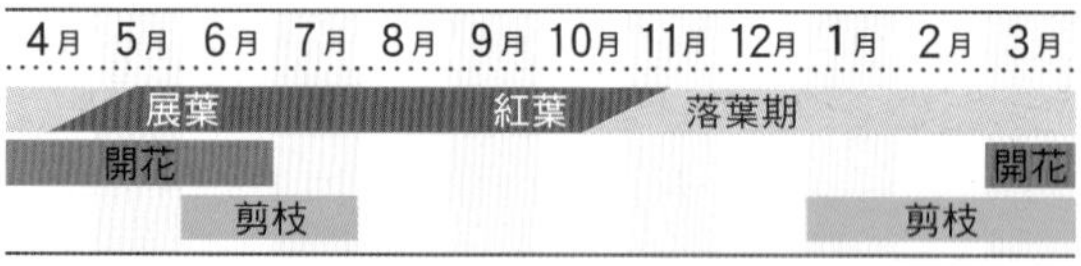
4月 5月 6月 7月 8月 9月 10月 11月 12月 1月 2月 3月
展葉
紅葉
落葉期
開花
開花
剪枝
剪枝

會將長出的根蘖作為分蘗，這時就要貼著地面切除舊幹，保留新幹，樹勢較強的徒長枝也須切除。

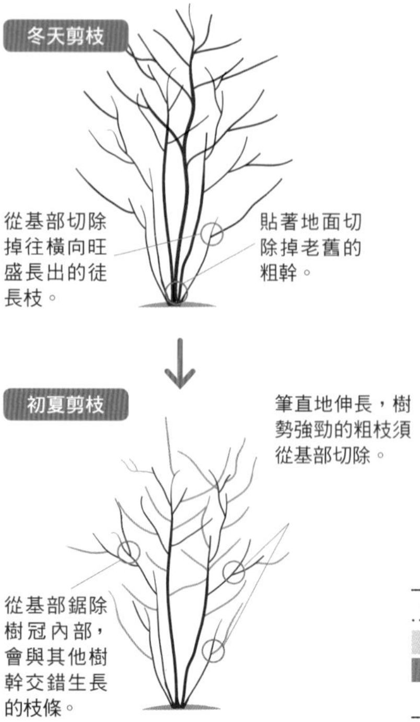
冬天剪枝
從基部切除掉往橫向旺盛長出的徒長枝。
貼著地面切除掉老舊的粗幹。
初夏剪枝
筆直地伸長，樹勢強勁的粗枝須從基部切除。
從基部鋸除樹冠內部，會與其他樹幹交錯生長的枝條。

日本辛夷

分類／木蘭科　落葉喬木　樹高／8～10m　花色／紫、白　果實／紅　根部／深
生長速度／快　日照／全日照　乾溼／乾溼　定植／12～2月

告知春天來臨，花朵綻開於天際

日本辛夷葉子展開前的3～4月期間會先開出帶芳香的白花。花朵下方會有一片葉子，能以此和開花時不長葉的柳葉木蘭作區別。果實屬聚合果，會在秋天成熟變紅，形狀很像握緊的拳頭，因此日文又名「コブシ」（拳）。由於成齡樹移植難度高，所以相當值得在能種成的地點好好品味欣賞。另一品種的重華辛夷高度較低，又很會開花，亦相當有人氣。

日本辛夷不太會長出繁雜的幹頭枝，所以可以疏掉多餘的枝條。只要長出新枝條，就要切除舊枝條，盡量維持葉子總量。枝條會筆直生長，如果攔腰切除枝條，反而會讓枝條表面凹凸不平，所以切除時，一定要從樹幹基部下刀。無須施肥，不想樹形太過龐大的話，建議選種植重華辛夷，並從樹幹基部切除整體2/5左右樹勢較強的枝條。

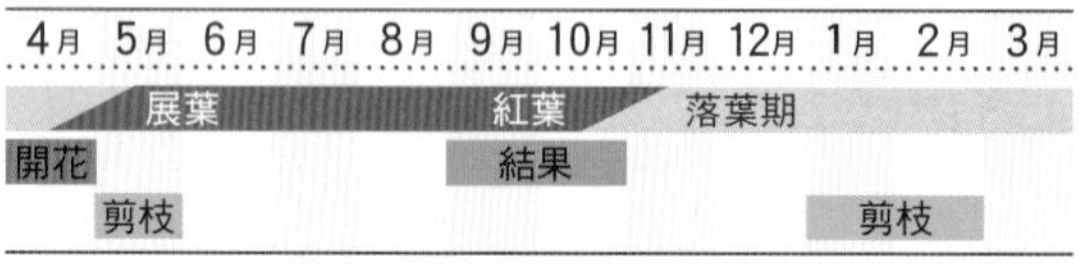
4月 5月 6月 7月 8月 9月 10月 11月 12月 1月 2月 3月
展葉
紅葉
落葉期
開花
結果
剪枝
剪枝

枝幹會筆直伸長，所以要從樹幹基部切除以徒長枝為主，約整體 2/5 的枝條。

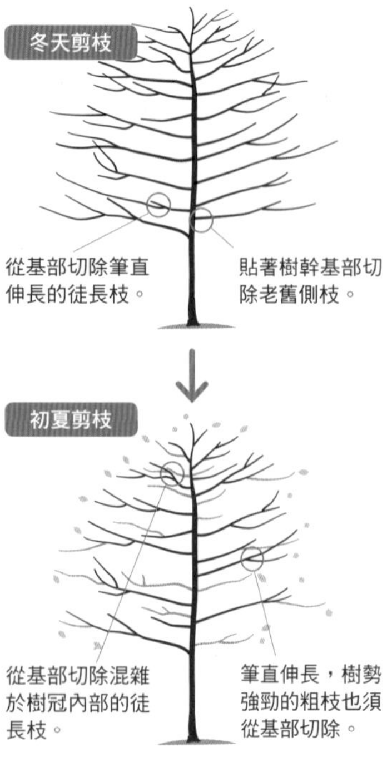
冬天剪枝
從基部切除筆直伸長的徒長枝。
貼著樹幹基部切除老舊側枝。
初夏剪枝
從基部切除混雜於樹冠內部的徒長枝。
筆直伸長，樹勢強勁的粗枝也須從基部切除。

石榴

分類／千屈菜科（石榴科） 落葉小喬木 樹高／5～7m 花色／紅、白、黃 果實／紅
根部／深 生長速度／快 日照／全日照 乾溼／乾燥 定植／12～3月

成熟的果實會裂開露出紅色種子令人印象深刻

可分成觀賞花朵的「花石榴」，作為果樹收成果實的「果石榴」，其中包含了矮生、果實小巧的姬石榴。

粗枝會冒出大量細短枝條。針對徒長枝、旺盛朝上生長的立枝，還有朝內伸長的枝條都必須從基部予以切除。

石榴也很容易長出幹頭枝，所以要保留位置較低，樹勢不會太強且模樣良好的枝條，以更新主幹。根蘗也會長大，建議保留個1～2株，等過個幾年長大後，就能用來替換主幹。初夏剪枝時，只須從基部稍微疏掉徒長枝和根蘗即可。

日照或通風不佳時容易罹患白粉病或引來介殼蟲、蚜蟲，務必透過剪枝維持良好通風與日照，降低病蟲害。

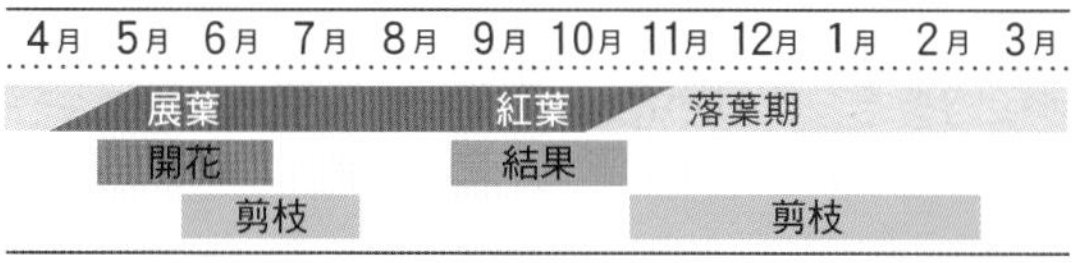
4月 5月 6月 7月 8月 9月 10月 11月 12月 1月 2月 3月
展葉
紅葉
落葉期
開花
結果
剪枝
剪枝

粗枝會長出又細又大量的徒長枝，所以須從基部鋸除約 2/5 導致樹形雜亂的粗枝。

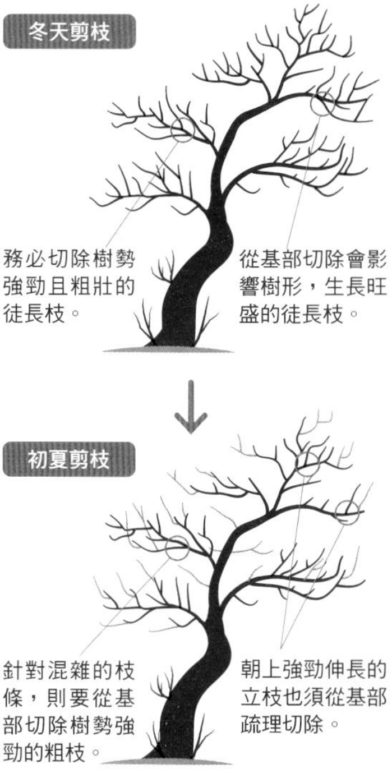
冬天剪枝
務必切除樹勢強勁且粗壯的徒長枝。
從基部切除會影響樹形，生長旺盛的徒長枝。
初夏剪枝
針對混雜的枝條，則要從基部切除樹勢強勁的粗枝。
朝上強勁伸長的立枝也須從基部疏理切除。

Column

辛夷擬的花朵

充滿謎樣的美麗花朵：辛夷擬

辛夷擬曾經在 1948 年於日本德島縣相生町發現，而當時數量只有 1 株，是個在野生環境下已經滅絕的木蘭科花木（學名：Magnolia pseudokobus）。尺寸比白玉蘭大一些，大大的花瓣綻開時就像碗狀，往上伸長的枝條不會開花，只有側枝會長出又大又美的花朵。屬匍匐型灌木，和名又稱為「這辛夷」。因為沒有種子，再加上四國地區並無原生種的日本辛夷，因此辛夷擬被形容是充滿謎樣的植物。

近幾年，美國培育的重華辛夷園藝品種裡，就有多款類似大毛木蘭（自生雜交種 Magnolia x loebneri Kache），花朵相當美麗的品種，也因為這樣，木蘭科植物才會有如此多今後極可能受到關注的珍貴花種。

木蘭科花木的葉子

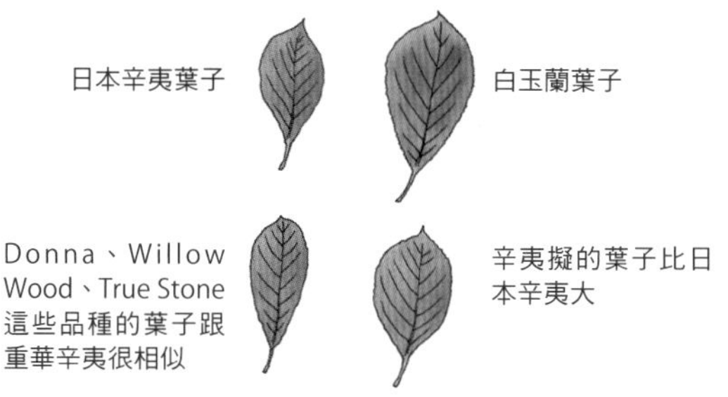
日本辛夷葉子
白玉蘭葉子
Donna、Willow Wood、True Stone 這些品種的葉子跟重華辛夷很相似
辛夷擬的葉子比日本辛夷大

1
2
3

美國培育出的園藝品種
①木蘭「Willow Wood」
②木蘭「True Stone」
③重華辛夷「Donna」

紫薇

分類／千屈菜科　落葉喬木　樹高／5～10m　花色／白、桃、紅　果實／咖啡
根部／深　生長速度／快　日照／全日照　乾溼／偏溼　定植／3月～4月上旬

整個炎熱夏天都會持續開出艷麗花朵

紫薇原產於中國南部，從盛夏到秋天相當長一段時間都能開出粉紅、白、紅色的美麗花朵。也因為花季很長的緣故，又有百日紅之稱。

樹皮為茶褐色，會呈薄片狀剝落，模樣相當獨特。不少人會為了欣賞花朵，只剪下末端，導致枝條長出瘤，實在沒有比這更令人搖頭的行為了。讓紫薇自然伸長，除了能避免花量過多，還能欣賞到樹幹的優美線條及徹底綻放的花朵。修剪時勿強剪，貼著基部去除徒長枝條，只挑選老舊或模樣雜亂的枝條下刀，將枝條數減半。

一旦疏於剪枝，開花量就會出現落差，甚至發生隔年才開花的情況。每幾年就要利用幹頭枝更新枝條，並切除舊枝。

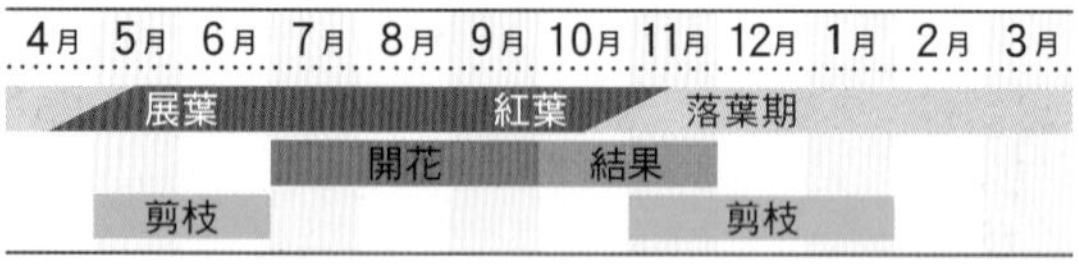
4月 5月 6月 7月 8月 9月 10月 11月 12月 1月 2月 3月
展葉
紅葉
落葉期
開花
結果
剪枝
剪枝

只剪掉枝條末端反而會長出枝瘤，必須從基部切除伸長的枝條，並修剪雜亂枝條，讓枝條數減半。

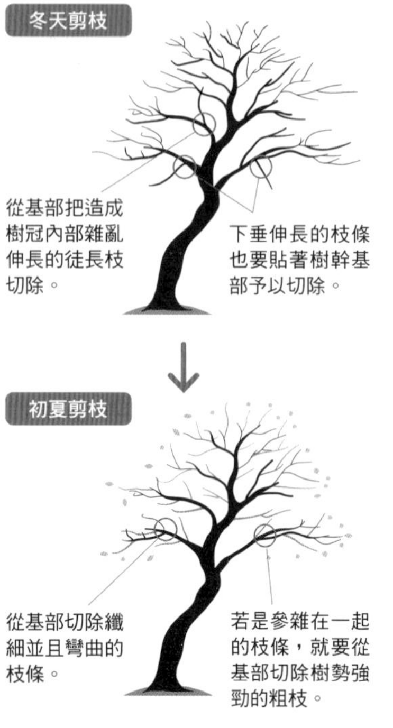
冬天剪枝
從基部把造成樹冠內部雜亂伸長的徒長枝切除。
下垂伸長的枝條也要貼著樹幹基部予以切除。
初夏剪枝
從基部切除纖細並且彎曲的枝條。
若是參雜在一起的枝條，就要從基部切除樹勢強勁的粗枝。

白檀

分類／灰木科　落葉灌木　樹高／2～4m　花色／白　果實／藍　根部／深
生長速度／慢　日照／全日照～半日照　乾溼／偏溼　定植／2～3月、9～10月

初夏開白花，秋天結藍黑色果實

白檀喜歡半日照或陽光從枝葉縫隙中灑落的環境，還要稍微帶點溼氣。初夏的枝末會長出如泡泡般的白色小花，秋天則會結出藍黑色果實。

樹幹會傾斜伸長，枝條多半集中於單側，所以在剪枝時，必須要掌握整體的輪廓，修剪掉多一點集中傾斜側的枝條。

主幹變老舊時，則要貼著地面將其切鋸掉，更新為從下方冒出的根蘗。剪枝時會切掉大約一半的枝條作替換，但如果枝條數量不多，則是貼著樹幹基部，切除混雜的枝條，並切除部分徒長枝即可。

初夏剪枝只須修掉徒長枝和一些多餘的根蘗。

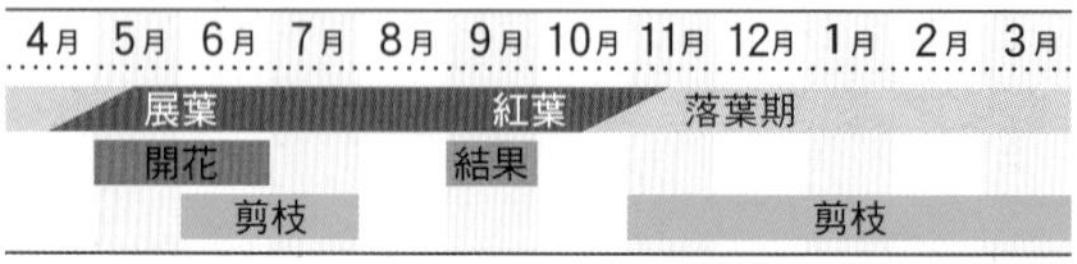
4月 5月 6月 7月 8月 9月 10月 11月 12月 1月 2月 3月
展葉
紅葉
落葉期
開花
結果
剪枝
剪枝

貼著地面切鋸掉舊主幹。將整體一半的樹幹更新成從下方冒出的根蘗，並貼著樹幹切除混雜在一起的枝條。

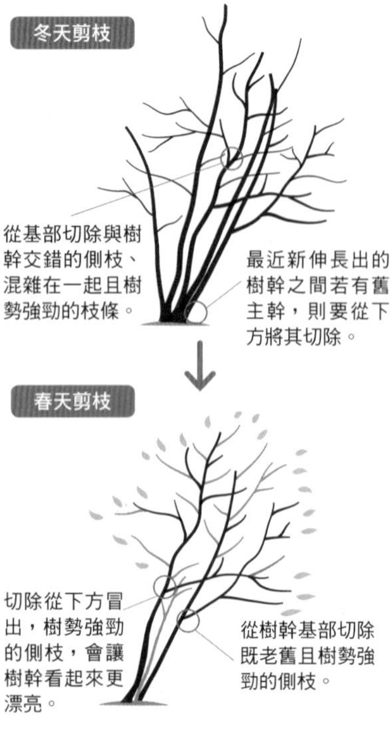
冬天剪枝
從基部切除與樹幹交錯的側枝、混雜在一起且樹勢強勁的枝條。
最近新伸長出的樹幹之間若有舊主幹，則要從下方將其切除。
春天剪枝
切除從下方冒出，樹勢強勁的側枝，會讓樹幹看起來更漂亮。
從樹幹基部切除既老舊且樹勢強勁的側枝。

山茱萸

分類／山茱萸科　落葉小喬木　樹高／5～15 m　花色／黃　果實／紅　根部／適中
生長速度／快　日照／全日照　乾溼／適中　定植／12～2月

最大賣點在於早春覆蓋整棵植株的金黃色花朵

在氣候尚冷，葉子還沒展開前，山茱萸的枝條會開滿約莫5㎜的小黃花，盛開時整棵樹會閃耀著金黃色。

因為枝條會朝接近水平方向生長，放任不管的話，枝條面積將持續擴張，佔去大量空間。所以每幾年就要從基部將開花情況不佳的舊枝切除，更替為新枝，讓整體樹形縮小一圈。山茱萸很會冒出根蘗和幹頭枝，建議保留樹勢不會太強勁，看起來比較柔軟的枝條即可。而根蘗則須全數切除。

針對初夏剪枝的部分，建議花季過後，新芽開始生長時，就要從基部切除混雜在一起的枝條、太過纖細的枝條及枯枝，這樣才有辦法讓植株內側的枝條也能充分照到陽光，有助隔年順利開花。

4月 5月 6月 7月 8月 9月 10月 11月 12月 1月 2月 3月
展葉
紅葉
落葉期
結果
開花
剪枝
剪枝

枝條會水平橫長擴張，所以要針對橫長的徒長枝修剪，修剪量為整體 1/3。舊枝則是更新成過去幾年保留下的根蘗。

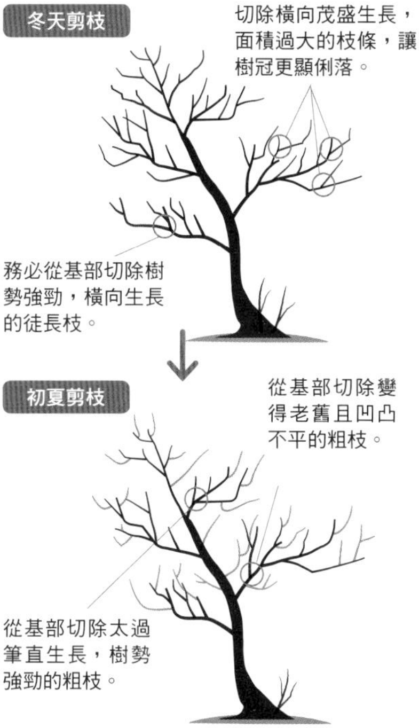
冬天剪枝
切除橫向茂盛生長，面積過大的枝條，讓樹冠更顯俐落。
務必從基部切除樹勢強勁，橫向生長的徒長枝。
初夏剪枝
從基部切除變得老舊且凹凸不平的粗枝。
從基部切除太過筆直生長，樹勢強勁的粗枝。

加拿大唐棣

分類／薔薇科　落葉灌木～小喬木　樹高／3～10 m　花色／白　果實／紅　根部／適中
生長速度／快　日照／全日照　乾溼／適中　定植／3月中～4月下、10月中～11月

枝梢會開出純白花朵，成熟變紅的果實相當可口

加拿大唐棣的枝條在春天會開出一整片的純白花朵。初夏時則會結出滋味酸甜的紅色果實，相當適合做成果醬或水果酒。橢圓形葉子給人柔和纖細的感覺，新芽與夏天的綠蔭都令人覺得清爽。到了秋天，葉子會轉為紅褐色。樹皮則是質地滑順的紅褐色。

此樹種會長出許多細枝，因此要從基部切除混雜於樹冠內部的枝條，保留一半較細的枝條即可。多餘的樹幹與枝條則是全數貼著樹幹予以切除，勿作保留。每幾年將主幹修剪至較低位置的話，就能控制住樹木高度。

加拿大唐棣不太有嚴重病蟲害，但透氣和排水不佳的話，容易罹患白粉病。同時也要注意螞蟻侵蝕根部。

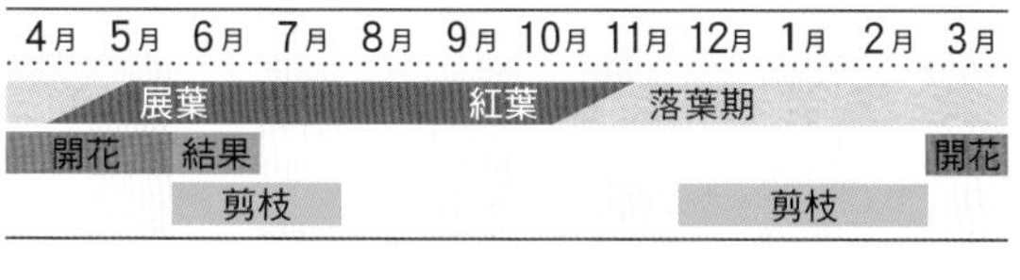
4月 5月 6月 7月 8月 9月 10月 11月 12月 1月 2月 3月
展葉
紅葉
落葉期
開花
結果
開花
剪枝
剪枝

每年會長出大量枝條，所以要從基部切除一半左右的枝條。另外，每過幾年也須將主幹修剪至較低位置。

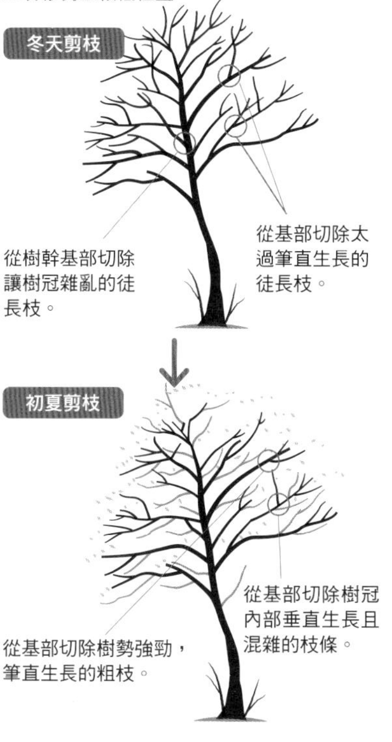
冬天剪枝
從樹幹基部切除讓樹冠雜亂的徒長枝。
從基部切除太過筆直生長的徒長枝。
初夏剪枝
從基部切除樹冠內部垂直生長且混雜的枝條。
從基部切除樹勢強勁，筆直生長的粗枝。

垂絲衛矛

分類／衛矛科　落葉灌木　樹高／2～5m　花色／淡綠　果實／紅　根部／淺
生長速度／快　日照／全日照～半日照　乾溼／稍微溼潤　定植／2～3月、10～11月

下垂的花兒，枝梢搖曳的果實

初夏時，垂絲衛矛會從葉腋長出下垂的淡綠色小花。該樹種的枝條纖細，新綠嫩葉看起相當清爽。到了秋天，直徑1cm左右的果實會成熟轉紅，被5瓣紅紫色假種皮包覆的種子會跟著露臉。

修剪垂絲衛矛時，要貼著樹幹去除樹勢強勁的下枝，也要切除樹冠內部相互參雜的枝條。須修剪掉整體1/3的枝條，避免葉子過於茂盛。主幹太長的話，則要更替為幹頭枝，修剪回較低的位置。根蘗從植株基部長出時，令其繼續生長，接著就能貼著地面切除老舊主幹作為更新。

針對病蟲害的部分，長新芽及開花期間會有蚜蟲，螞蟻也可能侵蝕根部，須多加留意。2月時可施予少量有機質肥料等作為寒肥。

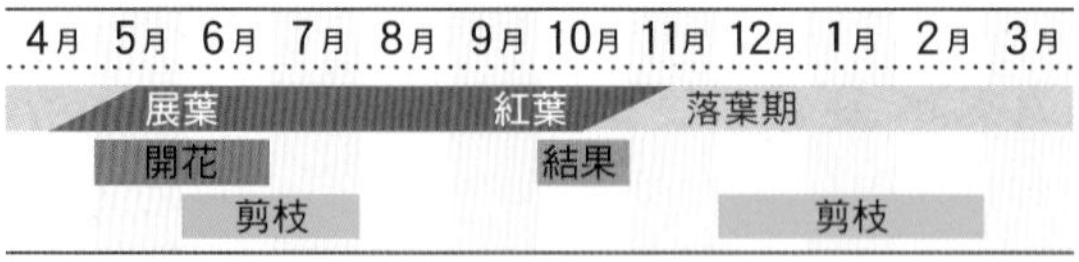
4月 5月 6月 7月 8月 9月 10月 11月 12月 1月 2月 3月
展葉
紅葉
落葉期
開花
結果
剪枝
剪枝

貼著樹幹去除下枝，並修剪掉整體 1/3 的混雜枝條。令根蘗生長，將主幹調整回較低位置。

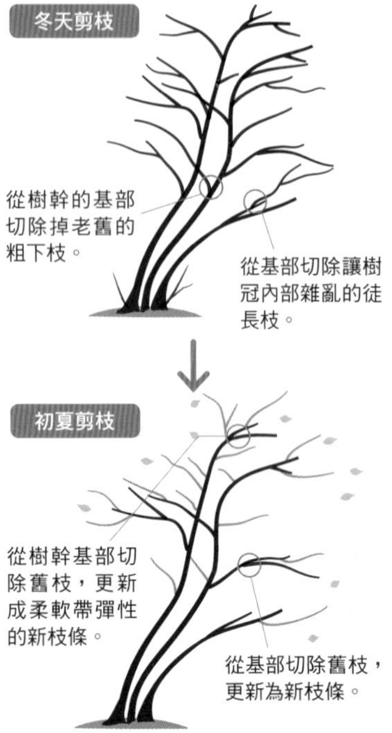
冬天剪枝
從樹幹的基部切除掉老舊的粗下枝。
從基部切除讓樹冠內部雜亂的徒長枝。
初夏剪枝
從樹幹基部切除舊枝，更新成柔軟帶彈性的新枝條。
從基部切除舊枝，更新為新枝條。

腺齒越橘

分類／杜鵑科　落葉灌木　樹高／1～3m　花色／白　果實／黑　根部／淺　生長速度／慢
日照／全日照～半日照　乾溼／適中　定植／10月中～11月、3月下～4月上

一年四季都能欣賞的「雜木女王」

腺齒越橘會早於其他樹木，在夏天結束時開始轉為紅葉。因為會紅得跟櫨木（ハゼノキ）一樣，所以日文名叫ナツハゼ。腺齒越橘的尺寸小巧，枝條充滿各種風情，葉片纖細，新綠嫩芽在初夏前都會帶點紅色。

修剪時，要切除將近1/3的枝條。徒長枝須從基部下刀。每幾年則須將主幹更新為幹頭枝，調整回較低位置。也可以從根蘗裡挑選狀態良好者任其生長，以更新主幹。病蟲害的部分則要留意天牛幼蟲和捲葉蟲。發現時須多花心思仔細撲殺。肥料則是在1～2月時施予少量固態肥料作為寒肥。腺齒越橘較不耐缺水，想讓植株順利度過夏天，就要在移植當年度的夏天早晚給予大量水分。

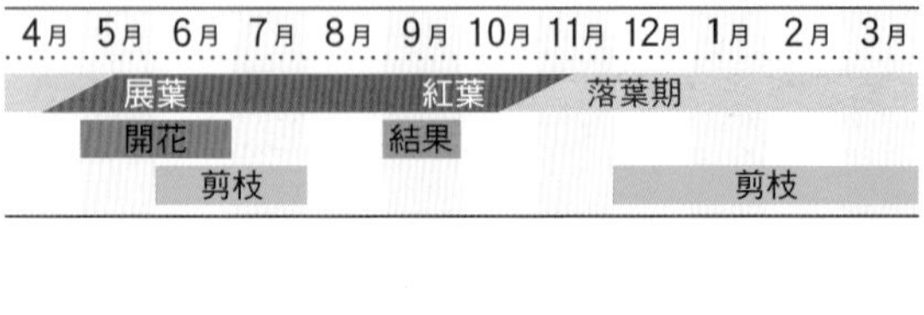
4月 5月 6月 7月 8月 9月 10月 11月 12月 1月 2月 3月
展葉
紅葉
落葉期
開花
結果
剪枝
剪枝

切除整體將近 1/3 的徒長枝與混雜枝條。利用幾年的時間讓幹頭枝或根蘗長大，以更新主幹。

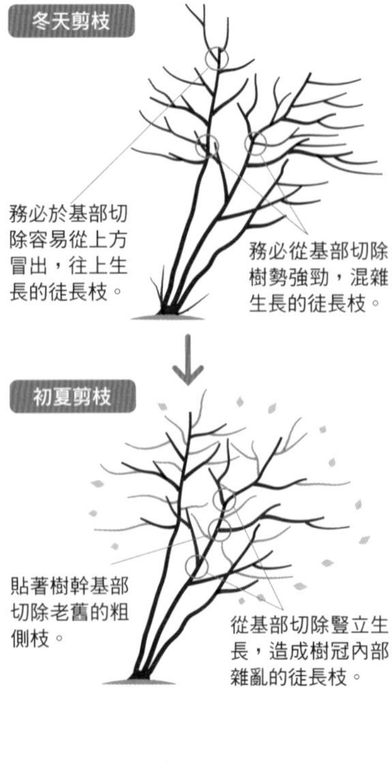
冬天剪枝
務必於基部切除容易從上方冒出，往上生長的徒長枝。
務必從基部切除樹勢強勁，混雜生長的徒長枝。
初夏剪枝
貼著樹幹基部切除老舊的粗側枝。
從基部切除豎立生長，造成樹冠內部雜亂的徒長枝。

梣葉槭

分類／無患子科（楓科） 落葉喬木／10～30m 花色／咖啡 果實／咖啡 根部／深
生長速度／快 日照／全日照～半日照 乾溼／適中 定植／12～1月

鮮明的白色斑紋與西式建築極搭

梣葉槭是原產於北美的落葉喬木，主流品種的葉片帶有美麗的白色或黃色斑紋。「Flamingo」則是市面上最常見的品種，新芽會帶有一層淡紅色，夏天則會出現白斑。帶斑品種的葉色能為夏天帶來涼意，秋天時會轉為淡紅色，非常適合西式住宅。

此樹種本身喜愛有日照、排水佳、溼度適中的環境。一旦日照不佳，就長不出漂亮斑紋。

管理的訣竅在於剪枝時須維持自然樹形。梣葉槭生長速度快，樹勢強勁，所以須保留細枝，從樹幹基部切除又硬又粗的徒長枝，要修剪掉稍微多於整體1／3的分量。天牛幼蟲喜歡寄生在梣葉槭樹上，所以要仔細觀察樹幹有無孔洞，或孔洞是否會掉出木屑。

4月	5月	6月	7月	8月	9月	10月	11月	12月	1月	2月	3月
	展葉				紅葉			落葉期			
開花			結果	結果	結果						
		剪枝	剪枝					剪枝	剪枝		

每年都要從樹幹根部切除伸長變大的枝條。另外，每幾年也要切除舊樹幹作更新，讓樹木更顯俐落。

冬天剪枝
樹冠內部茂盛橫長的徒長枝也要貼著樹幹根部去切除。
從基部切除表面凹凸不平的老舊下枝。
初夏剪枝
新枝條長得差不多後，就要修剪掉舊枝條，讓樹木更顯俐落。
從基部切除橫長出的徒長枝。

圓錐繡球

分類／繡球花科（虎耳草科） 落葉灌木 樹高／2～5m 花色／白 根部／淺 生長速度／
快 日照／全日照～半日照 乾溼／稍微溼潤 定植／2月中～3月、10月中～11月

夏天會開出如冰花般的傘房狀白花

圓錐繡球夏天會開出猶如冰花般，充滿清涼感的白花。圓錐繡球日文的「ノリウツギ」漢字為糊空木，源自樹皮所含的黏液會作為製造和紙時的漿糊，以及莖部呈中空狀這兩個特徵。在繡球花同類中的尺寸最大，適合種在喬木與中型灌木之間。

剪枝時，須從樹幹基部切除變大變長的徒長枝，並去除下枝。要修剪掉約莫1／3的枝條。從接近地面處冒出的根蘗會分蘗長大，當數量較多且雜亂時就要加以疏理，保留樣貌良好且不會太長的根蘗。過個幾年長大後，就能貼著地面切掉舊幹，更新主幹。

要持續摘掉枯花直到10月左右，施肥則是在6～7月和1～2月施予少量固態肥料作為置肥。

4月	5月	6月	7月	8月	9月	10月	11月	12月	1月	2月	3月
	展葉				紅葉			落葉期			
		開花	開花	開花							
			剪枝	剪枝			剪枝	剪枝	剪枝	剪枝	剪枝

切除約 1/3 的徒長枝和下枝。保留挑選過的根蘗，過個幾年後就能切除舊幹，更替為新主幹。

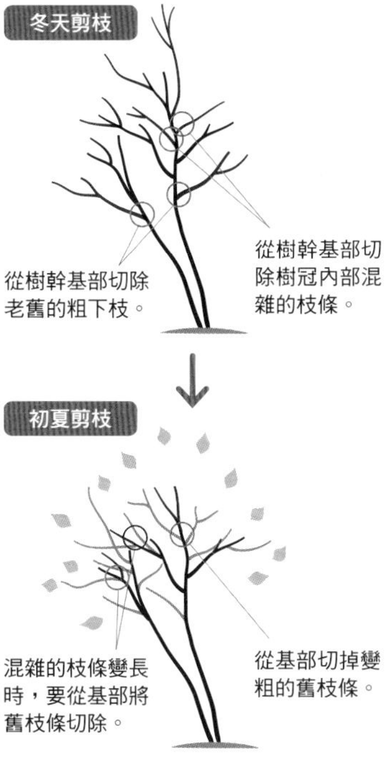
冬天剪枝
從樹幹基部切除樹冠內部混雜的枝條。
從樹幹基部切除老舊的粗下枝。
初夏剪枝
混雜的枝條變長時，要從基部將舊枝條切除。
從基部切掉變粗的舊枝條。

垂絲海棠

分類／薔薇科　落葉小喬木　樹高／5～8m　花色／粉紅　果實／咖啡　根部／深
生長速度／快　日照／全日照　乾溼／適中　定植／3月下～4月上、10月中～11月

會開出如櫻桃般下垂的可愛花朵

垂絲海棠的花苞和剛綻開的花朵就像櫻桃一樣充滿可愛風情，是非常會開花的樹種，所有枝條會開出滿到就像要傾瀉出來的花兒。

11～3月須切除多餘枝條。6月中旬則是要從基部切除樹勢強勁的徒長枝、老舊枝條、樹冠內部的逆行枝和立枝。1次修剪掉過多枝條的話，新枝會快速冒出，所以每次修剪時，不要超過整體的1/3。

若要每年欣賞到垂絲海棠的花朵，就必須在2月施冬肥、5月施禮肥，每年施肥2次。手中輕握1把緩效性化肥，撒在距離植株基部有點距離的位置。垂絲海棠不耐高溫及乾燥，盛夏期間缺水對植株來說相當致命，所以必須在一早或傍晚施予大量水分。

另也須注意是否有天牛幼蟲。

4月	5月	6月	7月	8月	9月	10月	11月	12月	1月	2月	3月
展葉					紅葉		落葉期				
開花						結果					
		剪枝					剪枝				

貼著樹幹修剪掉約 1/3 的徒長枝和老舊枝條。另也要從基部切除樹冠內部的逆行枝和立枝。

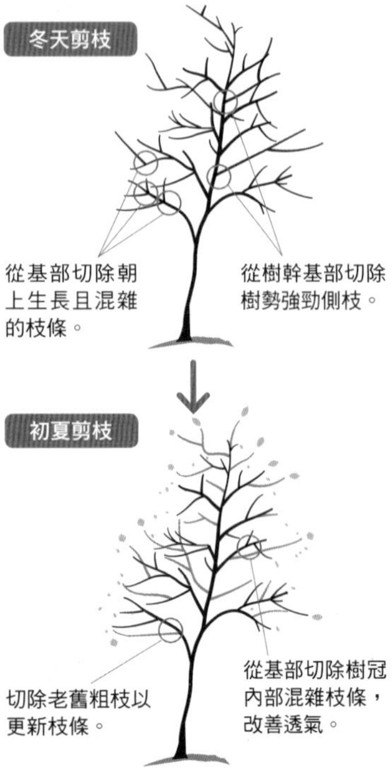
冬天剪枝
從基部切除朝上生長且混雜的枝條。
從樹幹基部切除樹勢強勁側枝。
初夏剪枝
切除老舊粗枝以更新枝條。
從基部切除樹冠內部混雜枝條，改善透氣。

大花四照花（花水木）

分類／山茱萸科　落葉喬木　樹高／5～12m　花色／白、淡紅　果實／紅　根部／深
生長速度／適中　日照／全日照　乾溼／適中　定植／3月下～4月上、10月中～11月

初夏的花朵美麗，秋天還能欣賞到果實與紅葉

與夏山茶、枹櫟、梣樹一起搭配組合的話，更能強調出樹幹質感，襯托彼此。

看起來像花瓣的部分其實是總苞，中間聚集了非常多的小花。秋天的紅葉亦是美麗，還能欣賞到紅色果實。

大花四照花的枝條會橫長，所以必須從基部將不斷擴張的徒長枝條切除，修剪量約為整體的2/5。多餘的枝條則是在1月中旬～3月中旬進行剪枝，但由於枝條生長真的相當旺盛，因此6～7月及9月中旬～10月中旬也要再修剪。另外，還可保留幹頭枝，每過個幾年就須將主幹修剪回較低位置，控制樹冠大小。

小枝條容易枯萎，另外也可能罹患白粉病，都必須多加留意。

4月	5月	6月	7月	8月	9月	10月	11月	12月	1月	2月	3月
展葉					紅葉		落葉期				
	開花				結果						
		剪枝			剪枝				剪枝		

枝條會強勁地橫長冒出，所以必須從基部切除整體至少 2/5 的徒長枝，且每隔幾年截短主幹作更新。

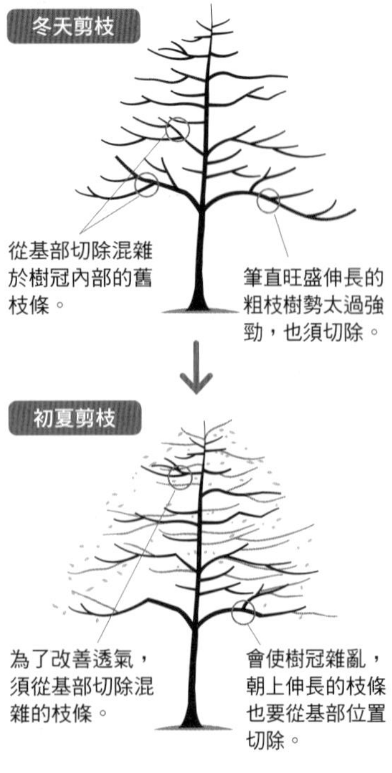
冬天剪枝
從基部切除混雜於樹冠內部的舊枝條。
筆直旺盛伸長的粗枝樹勢太過強勁，也須切除。
初夏剪枝
為了改善透氣，須從基部切除混雜的枝條。
會使樹冠雜亂，朝上伸長的枝條也要從基部位置切除。

桃樹

分類／薔薇科　落葉小喬木　樹高／5～8m　花色／淡紅、白、紅　果實／桃色　根部／深　生長速度／快　日照／全日照　乾溼／適中　定植／12月、2月

自古便受人所愛，能代表春天的華麗花木

能欣賞花朵的「桃樹」品種繁多，花朵繽紛多元又美麗，除了淡紅色，還有白色、紅色、紅白色，更有些品種的花形很像菊花。

樹齡較大的桃樹不易長新芽，所以修剪太短的話，可能會長不出新枝條。移植後，要趁樹木還年輕先保留細枝，剪掉徒長枝。每過個幾年就要從樹幹基部切除逐漸老舊的枝條，才能維持植株的柔軟線條。切除較粗枝條時，要在切口塗抹癒合藥劑，避免雜菌入侵。

桃樹常見的病蟲害包含了蚜蟲與介殼蟲，一旦出現就難以完全驅除。可於冬天將整棵樹噴灑機油，就能降低長葉期間的受害情況。

4月 5月 6月 7月 8月 9月 10月 11月 12月 1月 2月 3月
展葉
紅葉
落葉期
開花
結果
開花
剪枝
剪枝

趁枝條尚未老舊就要更新。桃樹生長速度快，會冒出許多樹勢強勁的徒長枝，所以要切除整體至少 2/5 的枝條。

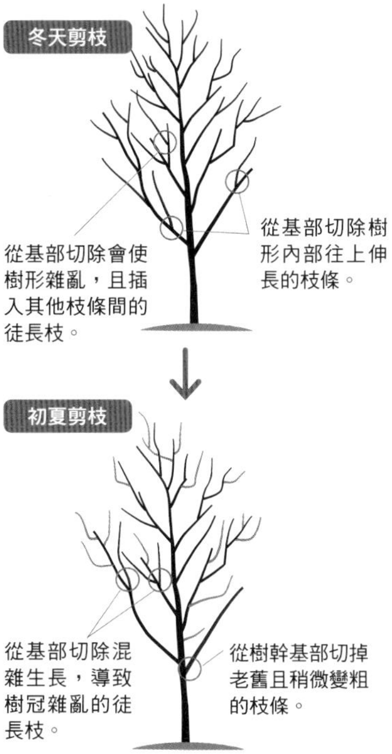

冬天剪枝
從基部切除會使樹形雜亂，且插入其他枝條間的徒長枝。
從基部切除樹形內部往上伸長的枝條。
初夏剪枝
從基部切除混雜生長，導致樹冠雜亂的徒長枝。
從樹幹基部切掉老舊且稍微變粗的枝條。

流蘇樹

分類／木犀科　落葉喬木　樹高／15～20m　花色／白　果實／黑　根部／深　生長速度／適中　日照／全日照～半日照　乾溼／乾燥　定植／3～4月、9月下旬～11月

綻放大量白花，又名四月雪

在日本只原生於某些區域，且分布位置相距遙遠。據說因當初不知究竟是什麼樹，再加上非常稀有，所以日文又有「ナンジャモンジャノキ」之稱。流蘇樹為雌雄異株，初夏會綻放大量白花，多到包覆住整棵植株，美不勝收。

喜愛日照佳，土質稍微濕潤的環境。流蘇樹本質健壯，很好種，不過太乾燥的話還是會影響生長。

流蘇樹非常容易維持自然樹形，枝條也相當柔軟有彈性，不過生長速度頗快，所以必須貼著樹幹切除整體約2/5樹勢強勁的枝條，只修剪枝梢的話反而會讓樹木看起來雜亂。趁樹木還年輕時，於1～2月在植株基部施予少量固態肥料。由於流蘇樹的樹勢強勁，一旦施肥太多就會影響樹形，務必多加留意。另外，流蘇樹並沒有常見的病蟲害。

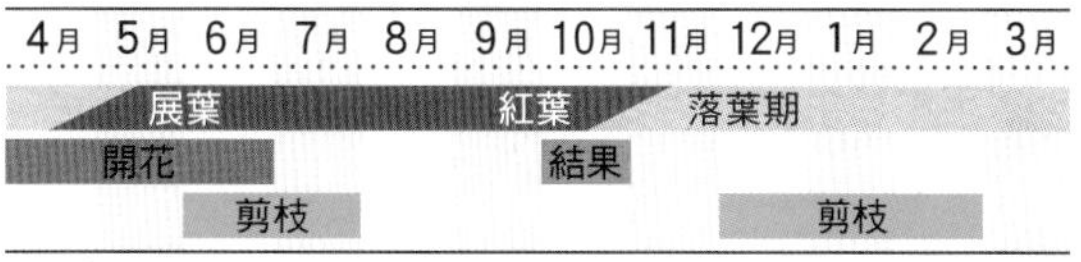

4月 5月 6月 7月 8月 9月 10月 11月 12月 1月 2月 3月
展葉
紅葉
落葉期
開花
結果
剪枝
剪枝

雖然枝條柔軟，卻很容易長出樹勢強勁的枝條。勿從枝梢切除，而是每年貼著樹幹切除約整體 2/5 的枝條。

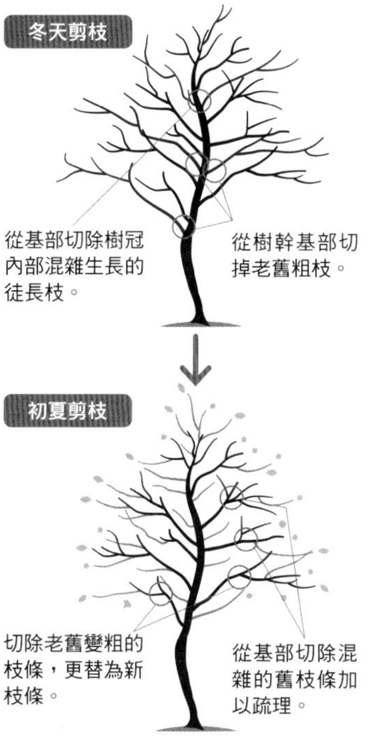

冬天剪枝
從基部切除樹冠內部混雜生長的徒長枝。
從樹幹基部切掉老舊粗枝。
初夏剪枝
切除老舊變粗的枝條，更替為新枝條。
從基部切除混雜的舊枝條加以疏理。

日本紫莖

分類／山茶科　落葉小喬木　樹高／5～8m　花色／白　果實／咖啡　根部／深　生長速度／適中　日照／全日照～半日照　乾溼／適中　定植／3月下～4月上、10月中～11月

梅雨季會開出小白花，帶有美麗樹皮

日本紫莖是夏山茶的近緣種，但花朵比夏山茶小一圈，是短命的一日花。樹幹為紅褐色，樹皮剝落後能看見獨特的斑紋模樣相當美麗，另還有一個特色，那就是分蘗樹形的纖細枝條能營造出集中感。梅雨季節綻開的白花更是充滿風情。

生長在地質溼潤的山地。

樹勢雖然不如夏山茶般強勁，但剪枝時只要沒有完全貼著基部修剪，保留些許枝條的話，就會從該處冒出許多細枝。所以剪枝時一定要緊貼樹幹，切除1/3左右的枝條，且注意勿切掉枝梢。還須留意茶毒蛾，摸到毒刺毛會引起皮膚過敏，摸到脫落的樹皮也有可能出現相同症狀，務必小心。

4月	5月	6月	7月	8月	9月	10月	11月	12月	1月	2月	3月
	展葉				紅葉		落葉期				
	開花		結果		果實熟期						
			剪枝				剪枝				

緊貼樹幹基部下刀，修剪掉整體1/3的枝條。保留幹頭枝或根蘗令其生長，幾年後就能更新。

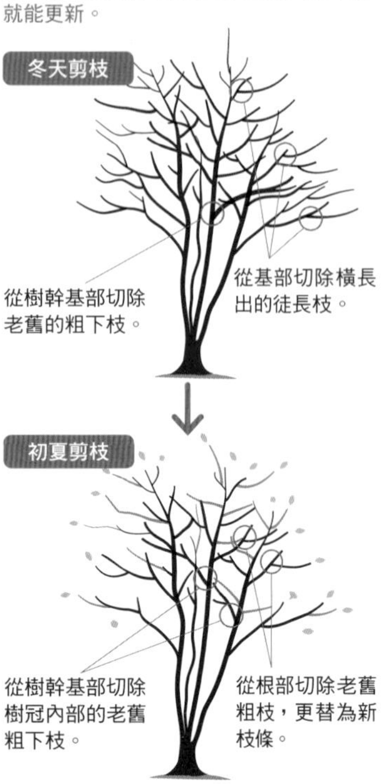

冬天剪枝
從樹幹基部切除老舊的粗下枝。
從基部切除橫長出的徒長枝。
初夏剪枝
從樹幹基部切除樹冠內部的老舊粗下枝。
從根部切除老舊粗枝，更替為新枝條。

雙花木

分類／金縷梅科　落葉小喬木　樹高／3～5m　花色／深紅紫　果實／咖啡　根部／深　生長速度／適中　日照／全日照～半日照　乾溼／適中　定植／2月下～3月上、10～11月

圓葉形狀獨特，秋天會開出星形花朵

有著心型的圓葉，日文又名「ベニマンサク」（紅滿作）。10～11月開始落葉時，會冒出深紅紫色的星形小花。由黃變紅的紅葉亦是美麗，最大賣點在於能同時欣賞到紅葉及花朵。枝條柔軟有彈性，相當好管理。修剪時，要從樹幹基部切除整體1/3樹勢較強勁的徒長枝。

放任不管的話，雙花木能長到近5m高，想控制高度時，則可運用幹頭枝，從較低處的枝條基部下刀，截短主幹。另外，從靠近地面處冒出的根蘗也會長大，這時可以從中挑選並保留狀態良好的根蘗，接著緊貼地面鋸倒老舊的主幹作更新。每幾年就要保留接下來要更新為主幹的根蘗。雙花木容易遭遇天牛幼蟲害，務必多加留意。

4月	5月	6月	7月	8月	9月	10月	11月	12月	1月	2月	3月
	展葉				紅葉		落葉期				
						開花		結果			
		剪枝							剪枝		

緊貼樹幹，切除大約1/3橫長出的徒長枝。每幾年就要更新主幹，降低樹高。

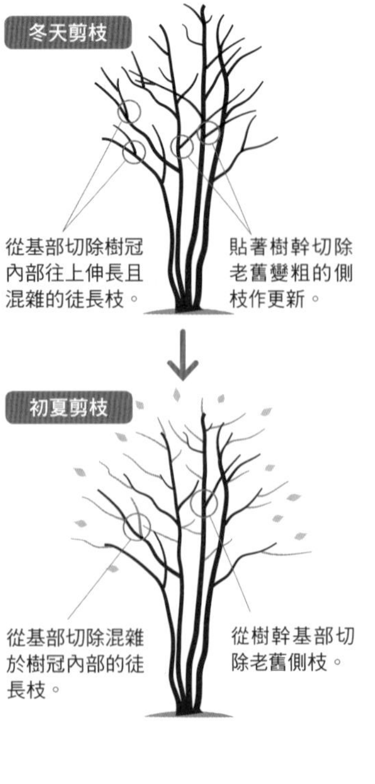

冬天剪枝
從基部切除樹冠內部往上伸長且混雜的徒長枝。
貼著樹幹切除老舊變粗的側枝作更新。
初夏剪枝
從基部切除混雜於樹冠內部的徒長枝。
從樹幹基部切除老舊側枝。

金縷梅

分類／金縷梅科　落葉小喬木　樹高／5～10m　花色／黃、橙、紅　果實／咖啡　根部／深　生長速度／適中　日照／全日照　乾溼／適中　定植／2月下～3月上、10～11月

會在春天搶先於枝頭綻放滿滿黃花

金縷梅生於山坡上或樹林內，吸引人之處是會在春天搶先於枝頭綻放滿滿黃花。花季結束後，白色樹幹與枝條則會開出茂密的綠色圓葉。

生長速度並不快，因此能利用側枝構成的線條調整樹形。貼著樹幹切除橫長且樹勢強勁的徒長枝，將枝條稍作疏理，修剪量約為整體的1/3。保留挑選過的幹頭枝，每過個幾年就要截短主幹作更新。

趁植株還小的時候，每年2月及4～5月要施予少量固態肥料作為置肥。

病蟲害的部分則是容易有天牛幼蟲，須多加留意。金縷梅不耐酸雨，近幾年，又尤以日本都心地區的金縷梅生長出現惡化趨勢。

4月	5月	6月	7月	8月	9月	10月	11月	12月	1月	2月	3月
展葉						紅葉	落葉期				
結果		果實熟期								開花	
		剪枝							剪枝		

貼著樹幹切除整體 1/3 左右的橫向徒長枝，每過個幾年就要截短主幹更新。

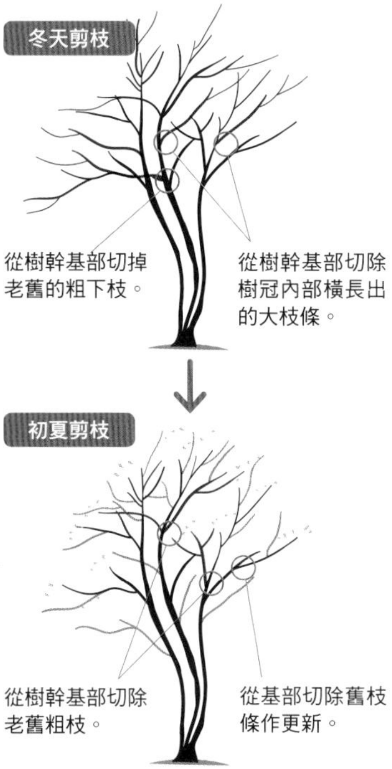
冬天剪枝
從樹幹基部切掉老舊的粗下枝。
從樹幹基部切除樹冠內部橫長出的大枝條。
初夏剪枝
從樹幹基部切除老舊粗枝。
從基部切除舊枝條作更新。

楓類

分類／無患子科（楓科）　落葉喬木　樹高／20～30m　花色／紅　果實／咖啡　根部／深　生長速度／快　日照／全日照～半日照　乾溼／適中　定植／11～12月

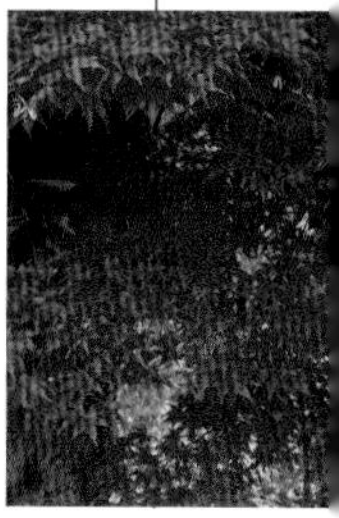

象徵日本秋天的雜木代表樹種

說到楓樹都會給人日式庭院的印象，但是春天冒芽之美、清爽的新綠、夏天的涼快樹蔭和西式的庭院其實也都很相搭。以雜木庭院來說，楓樹可以說是相當受歡迎的主結構樹種。

日本楓樹和變種的日本山楓能欣賞葉色變化，除了常被作為庭院裡的主軸樹種外，種植在玄關周圍或建物附近也相當漂亮。貼著樹幹切除伸長強勁的枝條，大約修剪掉整體1/3的分量。落葉前就切掉粗枝會使樹液流出，導致植株衰弱，所以務必掌握正確的剪枝時期。要等到樹木完全進入休眠期後再修剪粗枝，切口也要確實地塗抹癒合藥劑。

病蟲害的部分則須留意天牛幼蟲與蠹蛾幼蟲。

4月	5月	6月	7月	8月	9月	10月	11月	12月	1月	2月	3月
	展葉					紅葉	落葉期				
開花				結果							開花
			剪枝					剪枝			

待樹木完全落葉進入休眠期時，再修剪粗枝，貼著樹幹切除整體約 1/3 的徒長枝。

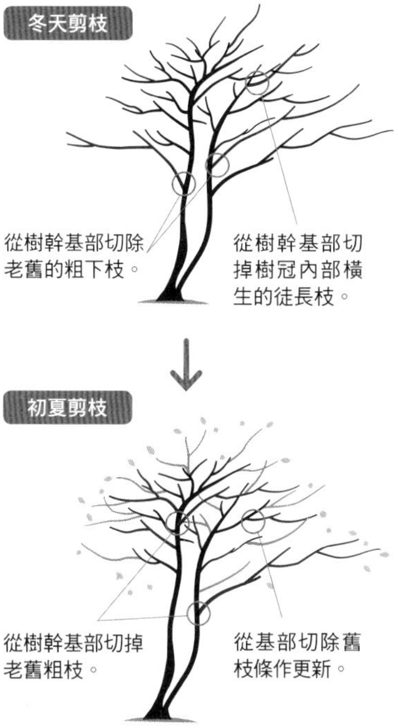
冬天剪枝
從樹幹基部切除老舊的粗下枝。
從樹幹基部切掉樹冠內部橫生的徒長枝。
初夏剪枝
從樹幹基部切掉老舊粗枝。
從基部切除舊枝條作更新。

四照花

分類／山茱萸科　落葉喬木　樹高／5～10m　花色／白、淡紅　果實／紅　根部／深
生長速度／適中　日照／全日照　乾溼／適中　定植／3月下～4月上、10月中～11月

初夏會開出如積雪般的白色花朵

四照花生於日本本州以南山地，初夏會開出如積雪般的白花，是相當受歡迎的樹種。看起來像花瓣的部分其實是總苞，中間聚集了非常多的小花。

秋天還能食用紅色果實。近緣種的大花四照花在日照不佳的條件下會無法開花，反觀四照花卻是相對耐陰。與夏山茶、枹櫟、梣樹一起搭配組合的話，更能襯托彼此。

在1月中旬～3月中旬修剪多餘枝條。四照花的樹勢強勁，非常會生長枝條，所以6～7月或9月中旬～10月中旬還要再予以修剪。由於枝條會橫長，所以要從基部切掉約2/5的徒長枝。

另外，每過個幾年也要利用幹頭枝作更新，將舊主幹截短回較低的位置，以縮小樹冠。

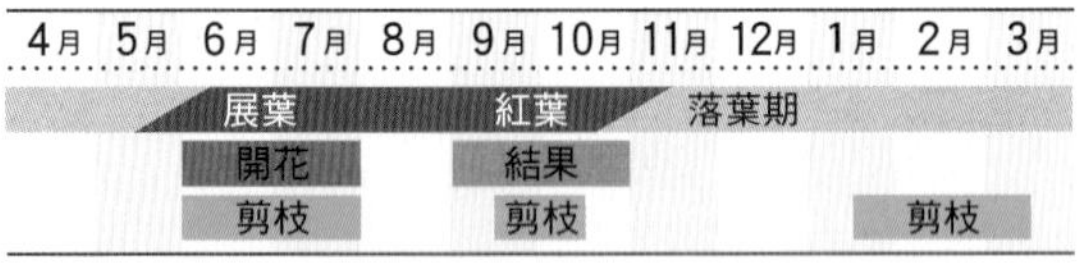
4月 5月 6月 7月 8月 9月 10月 11月 12月 1月 2月 3月
展葉
紅葉
落葉期
開花
結果
剪枝
剪枝
剪枝

枝條會橫長，所以必須從基部切掉至少2/5的徒長枝。每過個幾年則須截短主幹，更新為幹頭枝。

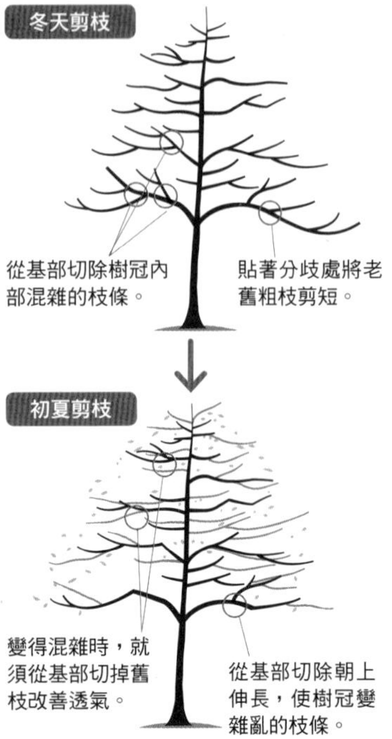
冬天剪枝
從基部切除樹冠內部混雜的枝條。
貼著分岐處將老舊粗枝剪短。
初夏剪枝
變得混雜時，就須從基部切掉舊枝改善透氣。
從基部切除朝上伸長，使樹冠變雜亂的枝條。

紫丁香

分類／木犀科　落葉灌木　樹高／3～7m　花色／紫、白、紅、紅紫、藍　果實／咖啡
根部／適中　生長速度／快　日照／全日照　乾溼／偏乾　定植／10月～3月上旬

在日本廣為人知，帶有香甜氣息的紫色花朵

紫丁香非常耐寒，所以是能代表北海道等北國地區的常見花木。花季為4～5月，綻開於枝梢的花朵會大量聚生，且帶有芳香。花朵除了有紫色，亦可見白色、淡粉、淡紫等色。

一旦切掉粗枝就會因此枯萎，所以要趁枝條還沒老舊前盡早修剪，並在切口塗抹癒合藥劑。若想讓樹形看起來更俐落，則可在花季後立刻從基部切除老舊偏粗的枝條，並針對樹勢強勁的枝條進行剪枝，修剪掉整體1/4的分量。冬天剪枝則要去除乾枯受損的枝條，還要貼著基部切掉混雜枝條。

溫暖區域較容易有天牛幼蟲或淡緣大蝠蛾幼蟲，若發現植株基部有像是木屑的粉末，或樹幹有孔洞，就必須盡快驅除。

4月 5月 6月 7月 8月 9月 10月 11月 12月 1月 2月 3月
展葉
紅葉
落葉期
開花
剪枝
剪枝

開完花後要立刻從基部切除整體1/4的老舊枝條與徒長枝作更新。切口則須塗抹癒合藥劑。

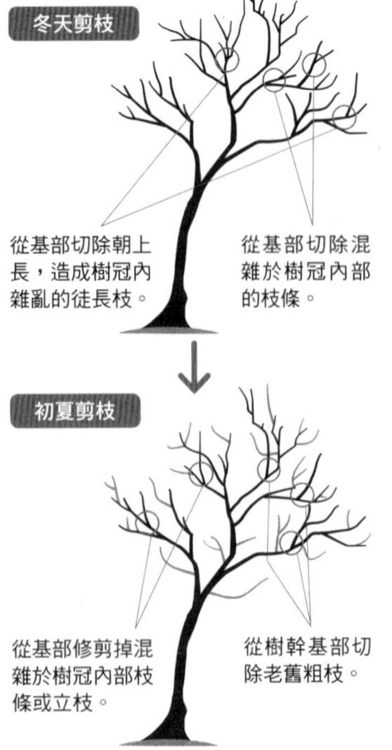
冬天剪枝
從基部切除朝上長，造成樹冠內雜亂的徒長枝。
從基部切除混雜於樹冠內部的枝條。
初夏剪枝
從基部修剪掉混雜於樹冠內部枝條或立枝。
從樹幹基部切除老舊粗枝。

白鵑梅

分類／薔薇科　落葉灌木　樹高／2～4m　花色／白　根部／淺　生長速度／適中
日照／全日照　乾溼／適中　定植／2月下旬～3月、10月下旬～11月

綻放於枝條的純潔白花是相當有人氣的茶道擺花

春天之際，白鵑梅在冒芽期間就會開出白花，多到幾乎要埋蓋住枝條，相當壯觀。新綠季節的黃綠色嫩葉和白花所形成的對比相當高雅。

白鵑梅是明治時代從中國引進的外來種，因為白鵑梅的日文「リキュウバイ」（利休梅）源自千利休（譯註：日本著名茶道宗師）之名，所以常被作為茶道擺花，與日式或西式庭院都很相搭。

任其生長的話會長到近4m高，建議每年都要剪掉一半的枝條，將樹高控制在2m左右。老舊凹凸不平的高聳枝條就算開出纖細優雅的花朵也不會讓人覺得美麗。這時要減少枝條數，切除下枝讓枝條較為稀疏，還要貼著樹幹切除樹冠內部的徒長枝。

病蟲害的部分則要注意入春冒芽時較容易長蚜蟲。

4月　5月　6月　7月　8月　9月　10月　11月　12月　1月　2月　3月

展葉（4月～9月）　紅葉（9月～10月）　落葉期（11月～3月）
開花（4月）
剪枝（6月～7月）　剪枝（1月～2月）

去除下枝，從基部大量切除樹冠內部的徒長枝，修剪掉一半的枝條。

冬天剪枝

從樹幹基部切除老舊的粗下枝。
從基部切掉橫長冒出的徒長枝。

初夏剪枝

從基部切除樹冠內朝上生長的混雜枝條。
貼著樹幹切除凹凸不平的舊枝條。

蠟梅

分類／蠟梅科　落葉灌木　樹高／2～4m　花色／黃　果實／咖啡　根部／深
生長速度／快　日照／全日照　乾溼／皆可　定植／11月～2月中旬

猶如半透明蠟製工藝品般的纖細花朵與香甜氣息

因為在早春還沒什麼花朵的時期就能綻放出蠟製工藝品般的花朵，所以名叫蠟梅。蠟梅花朵的基部會變紅色，但整朵花都是黃色的素心蠟梅則給人純潔飄渺的感覺。枝條生長較筆直且稍顯粗糙。

蠟梅喜歡日照，但會稍微影響開花情況，在半日照環境也能長大。

任其生長的話會可以長到4m高。修整時，要貼著樹幹切除整體1/3凹凸不平的舊枝條，更替為柔軟帶彈性的新枝條。挑選並保留外觀清晰的根蘗，過個幾年就能用來更新主幹。要注意在扎根前的3個月很有可能因缺水或風吹使植株搖晃，但基本上此樹種只要順利扎根就能穩健生長，種植難度不高，也沒什麼病蟲害。

4月　5月　6月　7月　8月　9月　10月　11月　12月　1月　2月　3月

展葉（4月～9月）　紅葉（9月～10月）　落葉期（11月～3月）
結果（9月～10月）　開花（12月～2月）
剪枝（6月～7月）　剪枝（2月～3月）

從基部切除約 1/3 的舊枝條。保留有彈性的新枝條和根蘗，過個幾年就能切除主幹作更新。

冬天剪枝

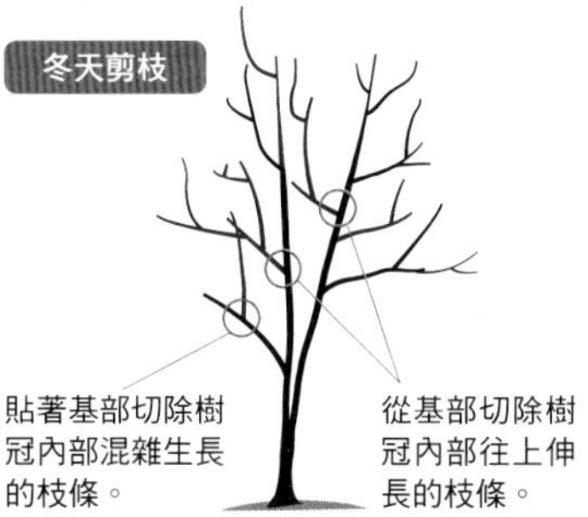
貼著基部切除樹冠內部混雜生長的枝條。
從基部切除樹冠內部往上伸長的枝條。

初夏剪枝

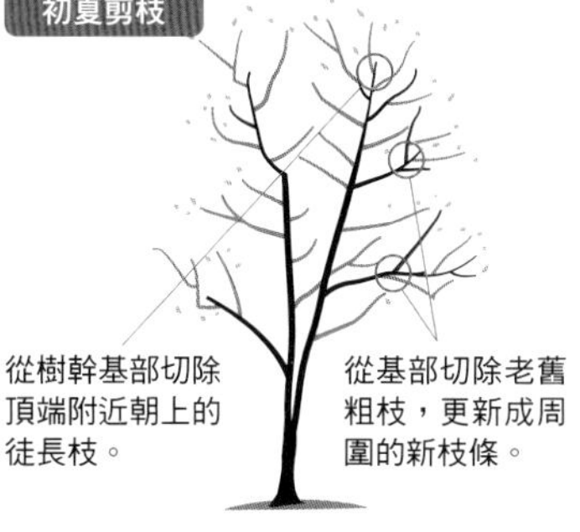
從樹幹基部切除頂端附近朝上的徒長枝。
從基部切除老舊粗枝，更新成周圍的新枝條。

星點桃葉珊瑚

分類／山茱萸科　常綠灌木　樹高／1～3m　花色／咖啡　果實／紅　根部／適中
生長速度／慢　日照／半日照～耐陰　乾溼／適中～偏溼　定植／3～5月、10～11月

在陰涼處也能長出充滿光澤的紅果實及葉子

即便是其他植物不易存活的地點，星點桃葉珊瑚只要順利扎根就能穩健生長，所以常見於屋簷下陰涼乾燥處、建物後方或想要遮蔽視線的位置。咖啡色的花朵雖然樸素不顯眼，卻擁有帶亮澤的美麗葉片，以及冬天會變紅的果實，能夠成為庭院的焦點。

只要盡量修整出集中的樹形就非常值得欣賞，建議參考圖中日式饅頭的形狀，整理成自然樹形。星點桃葉珊瑚的枝條比較容易朝上伸長，必須從基部切除這類枝條，徒長枝和下垂枝也要從相同位置下刀切除。植株基部冒出根蘗的話，可以挑選保留樹勢不會過強勁的漂亮根蘗，過個幾年貼著地面鋸倒主幹作更新。植株尚未長大前，可於2月施予少量肥料。

	4月	5月	6月	7月	8月	9月	10月	11月	12月	1月	2月	3月
展葉	●	●	●	●	●	●	●	●	●	●	●	●
開花	●	●										
結果								●	●			
剪枝			●	●			●	●	●	●	●	●

貼著基部切除樹冠內的立枝、下垂枝、徒長枝，修剪約整體 1/3 的分量。每過個幾年就要更新主幹。

冬天剪枝
貼著基部切除徒長枝及下垂枝。
從樹幹基部切掉老舊粗枝。

初夏剪枝
切除樹冠內伸長且混雜的舊枝條。
從基部切掉會妨礙其他枝條伸長的舊枝，更替為新枝條。

馬醉木

分類／杜鵑科　常綠灌木　樹高／1.5～2.5m　花色／白、粉紅、紅　果實／啡咖　根部／深
生長速度／慢　日照／全日照～半日照　乾溼／乾燥～中間　定植／嚴寒及盛夏除外皆可

茶室外庭院不可少，適合半日照環境的樹木

馬醉木的深綠葉子讓人印象深刻。到了春天，枝梢會開出許多下垂的壺形花朵。馬匹誤食會使神經麻醉，狀似酒醉，所以名為馬醉木。過去人們會將葉子熬煮後作為殺蟲劑使用。亦有園藝品種紅花馬醉木。

最大特徵在於就算沒特別照料也不會變雜亂，但如果真的放任不管，枝條間會變得毫無縫隙，看起來相當僵硬。建議每年切掉整體2／5左右的枝條，達更新效果。

樹幹半途雖然容易冒出幹頭枝，卻也是剪枝難度不高的樹種。舊枝條會影響開花，所以過個幾年就要貼著樹幹基部切除舊枝。建議待開花後再進行更新主幹等較大規模的修剪作業。開花數量太多會使植株衰弱，所以在花苞階段就要稍作疏理。還須留意網椿及捲葉蟲。

	4月	5月	6月	7月	8月	9月	10月	11月	12月	1月	2月	3月
展葉	●	●	●	●	●	●	●	●	●	●	●	●
開花	●											●
結果						●	●					
剪枝		●	●					●	●	●		

從基部切除約 2/5 的混雜枝條。以幹頭枝作更新，讓植株整體保有彈性。

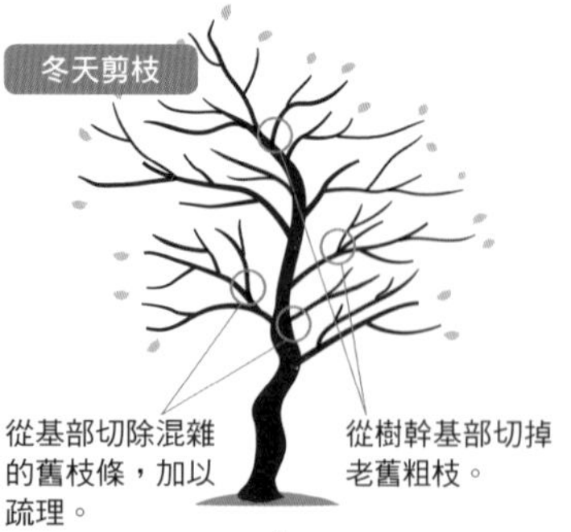
冬天剪枝
從基部切除混雜的舊枝條，加以疏理。
從樹幹基部切掉老舊粗枝。

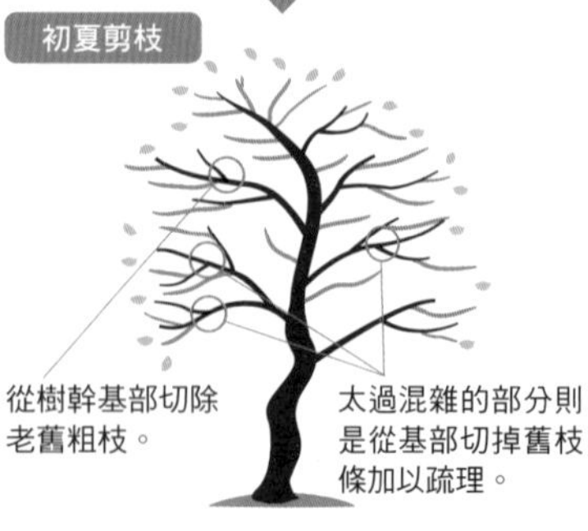
初夏剪枝
從樹幹基部切除老舊粗枝。
太過混雜的部分則是從基部切掉舊枝條加以疏理。

洋橄欖

分類／木犀科　常綠中喬木　樹高／2～10 m　花色／黃白色　果實／咖啡
根部／深　生長速度／適中　日照／全日照　乾溼／乾燥　定植／3～4月

銀色葉子被風吹拂翻面時會發亮，相當漂亮

最常見於地中海沿岸地區的果樹，非常耐乾燥，但不喜寒冷。葉子為披針形，質地硬挺，被風吹拂搖曳時能瞥見葉背，與帶點銀灰的綠色葉表極為相襯，是經常被作為美麗點綴的樹種。就算在貧瘠地也能穩健生長，另也適合以塑膠盆種植在陽台或屋頂。喜好鹼性土。

洋橄欖容易冒出徒長枝和立枝，建議保留纖細有彈性的枝條，其餘則是從基部切除。另外，凹凸不平的老舊枝條也要切除作更新。基本上不太需要擔心染病，但容易遭受象鼻蟲害，所以務必仔細觀察樹幹是否會掉出木屑，找出侵蝕孔洞並加以驅除。洋橄欖還要盡量避免移植。

	4月	5月	6月	7月	8月	9月	10月	11月	12月	1月	2月	3月
展葉	●	●	●	●	●	●	●	●	●	●	●	●
開花		●	●									
結果						●	●					
剪枝	●			●	●	●	●			●	●	●

從基部切除樹冠內部交錯的立枝，每過個幾年就要更新主幹。

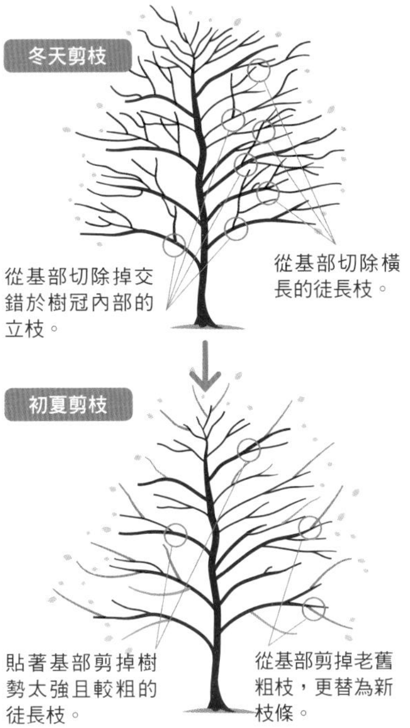
冬天剪枝
從基部切除掉交錯於樹冠內部的立枝。
從基部切除橫長的徒長枝。
初夏剪枝
貼著基部剪掉樹勢太強且較粗的徒長枝。
從基部剪掉老舊粗枝，更替為新枝條。

山月桂

分類／杜鵑科　常綠灌木　樹高／1～5m　花色／白、粉紅、紅　根部／淺
生長速度／慢　日照／全日照～半日照　乾溼／適中　定植／3～4月、9～10月

有著狀似金平糖的可愛花苞

山月桂是常綠杜鵑的近緣種，但葉子與花朵的尺寸偏小。植株本質健壯，也很會開花，花朵多半集中綻開，花瓣較淺，會分為5瓣，並且基部帶有紅紫色斑點。花苞的形狀與金平糖相似，有著許多園藝品種。其中「Ostbo Red」的花色無論是日式還是西式庭院都相當好運用。

在半日照環境也能生長。

山月桂的樹幹較細且容易分枝，使樹形茂密，這時就要切除混雜的枝條，讓整體線條看起來有彈性。

日照不佳會減少開花量。如欲改善，可在3月、6月及9月施予固態肥料作為置肥。保留枯花不摘除的話容易生病，或因此結果，影響樹勢，所以必須頻繁摘除。

	4月	5月	6月	7月	8月	9月	10月	11月	12月	1月	2月	3月
展葉	●	●	●	●	●	●	●	●	●	●	●	●
開花		●	●									
剪枝			●			●	●	●				

從基部疏理切除混雜的枝條，避免變成毫無間隙的臃腫樹形。

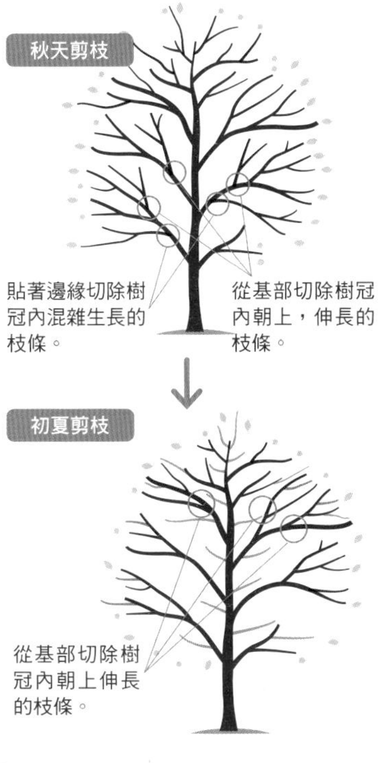
秋天剪枝
貼著邊緣切除樹冠內混雜生長的枝條。
從基部切除樹冠內朝上，伸長的枝條。
初夏剪枝
從基部切除樹冠內朝上伸長的枝條。

柑橘類

分類／芸香科　常綠灌木～小喬木　樹高／3～5m　花色／白　果實／黃、橙

根部／深　生長速度／慢　日照／全日照　乾溼／適中　定植／3月中～4月上

帶香氣又美味，更是一般熟知的果樹

除了樹木和花朵都帶有宜人香氣的夏蜜柑、酸橘、臭橙，還有在寒冷季節也能挺立生長，充滿野趣風情的日本柚子和金桔，都是相當推薦的柑橘類。這些樹種的魅力之處在於5月會開出清新且帶有香甜氣味的白花，秋冬時節則能長時間欣賞到成熟的黃色果實。

枝條混雜在一起的話會影響透氣和採光，必須在3月上旬～中旬疏剪枝條。從基部切除整體1/3左右的徒長枝。老舊枝條不易結果，所以每過個幾年就要利用幹頭枝，截短更新枝條。另外，雖然會在2月～3月上旬、6月中旬～7月、9月中旬～10月這幾個期間施肥，若植株因此過度生長反而有損野趣風情，建議酌量即可。柑橘類樹種不太容易罹病，但鳳蝶幼蟲會侵蝕葉子，一旦發現就要撲殺。

4月	5月	6月	7月	8月	9月	10月	11月	12月	1月	2月	3月
						展葉					
	開花						結果				
				剪枝					剪枝（疏剪）		

切除整體約 1/3 的徒長枝，每過個幾年就要利用幹頭枝，截短舊枝條作更新。

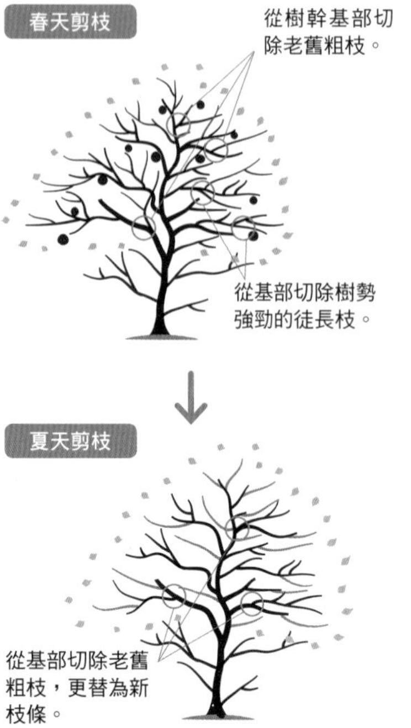

春天剪枝
從樹幹基部切除老舊粗枝。
從基部切除樹勢強勁的徒長枝。
夏天剪枝
從基部切除老舊粗枝，更替為新枝條。

刻脈冬青

分類／冬青科　常綠小喬木　樹高／3～7m　花色／白　果實／紅　根部／淺

生長速度／慢　日照／全日照～半日照　乾溼／適中　定植／6～7月

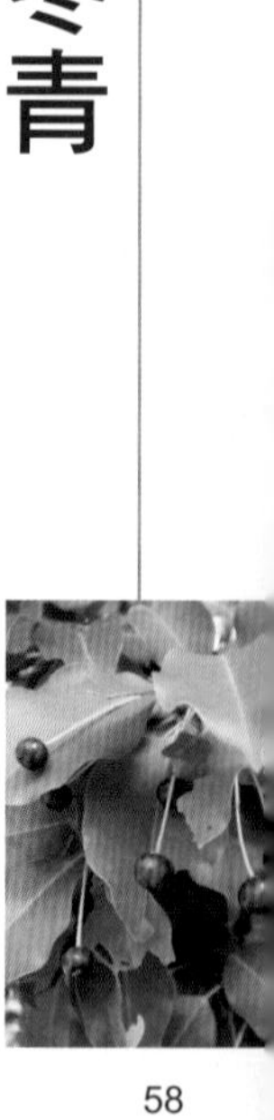

葉子隨風飄逸，冬天紅果實美麗

刻脈冬青的葉子與枝條柔軟，以常綠樹來說算是相當纖細。革質葉片帶有光澤，厚度偏薄，會隨著風吹搖曳。為雌雄異株，白花小朵且不醒目，雌株開花後會結果，長長的果柄末端會結出下垂的圓形紅果實，與葉子形成漂亮對比。在庭院中常作為區隔、遮蔽視線用途，能形成一道自然屏障。

刻脈冬青會分櫱，形成自然樹形。剪枝時，可以活用分櫱狀樹形，從基部切除約2/5的混雜枝條和徒長枝。刻脈冬青也很容易冒出幹頭枝，太長時可從較低處下刀，切除上部枝條。

施肥為1～2月，可施予有機質肥料或緩效性化肥。

春天到初夏期間會遭遇捲葉蟲害，須多加觀察留意。

4月	5月	6月	7月	8月	9月	10月	11月	12月	1月	2月	3月
						展葉					
		開花				結果					
剪枝			剪枝				剪枝				

從基部切除約 2/5 的混雜枝條和徒長枝，較低處長出根蘗後，則可切除上方枝條作更新。

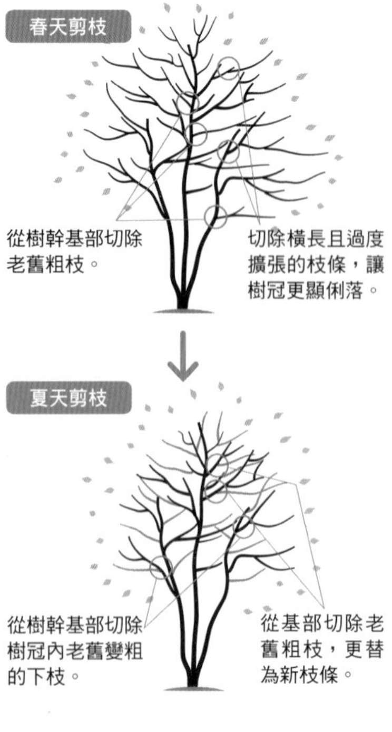

春天剪枝
從樹幹基部切除老舊粗枝。
切除橫長且過度擴張的枝條，讓樹冠更顯俐落。
夏天剪枝
從樹幹基部切除樹冠內老舊變粗的下枝。
從基部切除老舊粗枝，更替為新枝條。

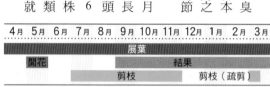

檵木

分類／金縷梅科　落葉灌木或小喬木　樹高／10m以上　花色／白、紅
根部／適中　生長速度／快　日照／全日照　乾溼／適中　定植／4月、9月

類似金縷梅的迷人白色和紅色花朵

原生於伊勢神宮的綠葉白花組合為檵木的基本種。中國原產的紅花檵木花朵為深桃色，葉子則兼具赤桐色與綠色。在雜木庭院中，白花的原生種會更顯協調。而檵木的賣點在於一到了花季，整棵樹就像被花朵包圍般，相當地會開花。

樹勢強勁，植株會變得龐大。不過，檵木本身相當耐修剪，因此也可以用來作為樹籬。

樹冠內部會冒出許多細枝條，可針對與徒長枝混雜一起的部分，切除較大的枝條，讓枝條量減半。若不緊貼基部下刀，會再冒出細枝，因此務必貼著基部予以剪枝。想壓低樹高時，可直接將樹幹鋸短。施肥期為12～1月。檵木的病蟲害不多，再加上植株本身很健壯，因此沒有特別需要留意的環節。

	4月	5月	6月	7月	8月	9月	10月	11月	12月	1月	2月	3月
展葉	●	●	●	●	●	●	●	●	●	●	●	●
開花	●	●										
剪枝			●	●					●	●		

針對徒長枝與混雜枝條作疏理，從基部切除枝條，讓枝條量減半。

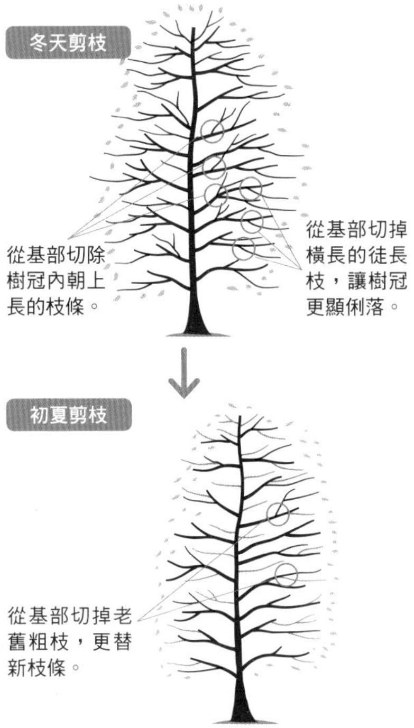
冬天剪枝
從基部切除樹冠內朝上長的枝條。
從基部切掉橫長的徒長枝，讓樹冠更顯俐落。
初夏剪枝
從基部切掉老舊粗枝，更替新枝條。

斐濟果

分類／桃金孃科　常綠小喬木　樹高／約5m　花色／紅　果實／紅　根部／深
生長速度／適中　日照／全日照　乾溼／偏乾　定植／3～4月

能享受花朵與果實美好芳香的常綠樹

斐濟果原產於南美。葉子表面為深綠色，背面則是銀白色。花瓣外側是白色，內側為紅色，如紅色束線般的大量雄蕊相當鮮豔。花瓣帶有甜味，可食用。完熟的果實香甜，味道似鳳梨及番石榴。雖然是亞熱帶地區的果樹，卻頗為耐寒，只要是能種植橘子的地區，就能露地栽培斐濟果。枝條相對密集且分歧，因此也能作為樹籬或用來遮蔽視線。會於3～4月進行定植。

針對管理部分，須在2～4月修剪太過混雜的枝條。樹冠內側會長出混雜枝條，所以要從枝條基部予以疏理，修剪掉整體1/3的分量。樹勢強勁的徒長枝與往上交疊伸長的枝條一樣要加以切除。放任不管的話，樹高可是會超過5m，建議控制在2～3m即可。

	4月	5月	6月	7月	8月	9月	10月	11月	12月	1月	2月	3月
展葉	●	●	●	●	●	●	●	●	●	●	●	●
開花		●	●									
結果							●	●	●			
剪枝	●			●	●	●	●	●			●	●

從基部切除在樹冠內部過度伸長，會與其他枝條交疊形成阻礙的枝條，如此一來就能維持自然樹形。

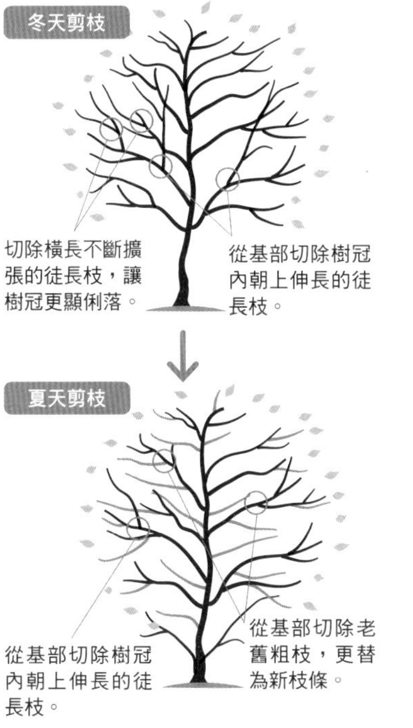
冬天剪枝
切除橫長不斷擴張的徒長枝，讓樹冠更顯俐落。
從基部切除樹冠內朝上伸長的徒長枝。
夏天剪枝
從基部切除樹冠內朝上伸長的徒長枝。
從基部切除老舊粗枝，更替為新枝條。

日本衛矛

分類／衛矛科　常綠小喬木　樹高／3～5m　花色／黃　果實／桃　根部／淺　生長速度／快　日照／全日照～耐陰　乾溼／適中　定植／3月下～4月上、9月中～10月中

冒芽時相當壯觀，有著明亮美麗的葉色

日本衛矛是雌雄異株，雌木會結出淡紅色果實。葉子帶有各式各樣不同斑紋的園藝品種眾多，像是新梢為金黃色的 Honbekko、帶有淡黃斑的 Osakabekko 以及白斑的 Albomarginatus。冒芽時期相當地美麗動人。日本衛矛具備耐陰性，所以在陰暗處也能生長。

可保留樹冠內部的側枝，並將朝上下伸長的枝條與徒長枝從基部切除，修剪掉整體一半的分量。樹高抽高的話，則可將幹頭枝上方的主幹截掉。日本衛矛很會冒芽，樹勢強勁且生長速度快，所以能輕鬆維持想要的樹形。

肥料則是於5月中旬～6月、9月中旬～11月或2月中旬～3月中旬期間少量施予。病蟲害的部分則常見 Abraxas miranda 尺蛾及白粉病，一旦發現就要立刻處置。

4月	5月	6月	7月	8月	9月	10月	11月	12月	1月	2月	3月
展葉											
		開花		結果			果實熟期				
剪枝			剪枝							剪枝	

切除整體一半朝上下伸長的枝條與徒長枝。樹高抽高時，則是切掉幹頭枝上方的主幹作更新。

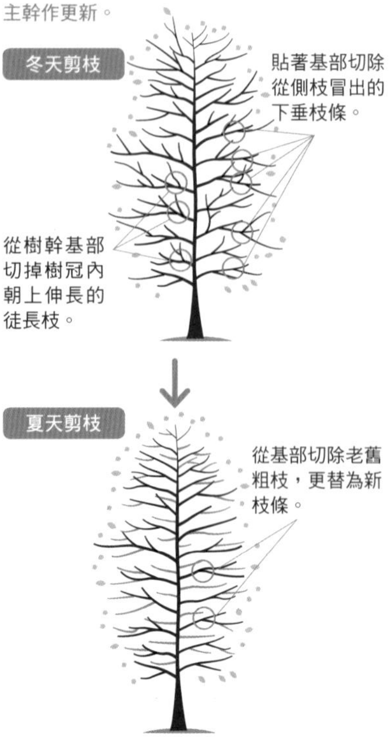
冬天剪枝
貼著基部切除從側枝冒出的下垂枝條。
從樹幹基部切掉樹冠內朝上伸長的徒長枝。
夏天剪枝
從基部切除老舊粗枝，更替為新枝條。

全緣葉冬青

分類／冬青科　常綠小喬木　樹高／6～10m　花色／黃　果實／紅　根部／深　生長速度／慢　日照／全日照～半日照　乾溼／適中　定植／4月～7月上、9月中～10月中

是能接受半日照環境，生長速度緩慢的常綠樹

全緣葉冬青以前會從樹皮取誘捕小鳥的黏液（トリモチ），所以日文名叫「モチノキ」。為雌雄異株，非常耐海風及空氣髒污，擁有漂亮的亮綠色葉子，是很好運用的樹種。能修剪成各種形狀，無論是圓球狀，還是種成一排作為遮蔽視線用，全緣葉冬青自古就是傳統日式庭院不可或缺的必備庭木。

樹冠內部會長出許多細小的立枝與下垂枝，必須從基部加以切除。保留有彈性的側枝，切除徒長枝和多餘的枝條。樹高抽高時，可將幹頭枝上方的主幹截掉，讓主幹回到較低的高度。

太過茂盛會影響透氣，容易寄生捲葉蟲和介殼蟲，發生煤煙病，須多加留意。煤煙病蔓延開來的話，整棵樹木都會變黑，所以務必及早因應。

4月	5月	6月	7月	8月	9月	10月	11月	12月	1月	2月	3月
展葉											
開花							結果				
剪枝							剪枝				剪枝

切除掉樹冠內的立枝與下垂枝，讓側枝伸長。保留幹頭枝，再過個幾年就能用來更新，降低整體樹高。

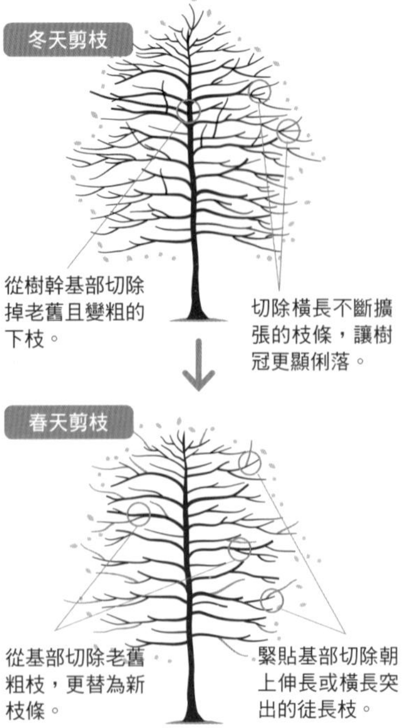
冬天剪枝
從樹幹基部切除掉老舊且變粗的下枝。
切除橫長不斷擴張的枝條，讓樹冠更顯俐落。
春天剪枝
從基部切除老舊粗枝，更替為新枝條。
緊貼基部切除朝上伸長或橫長突出的徒長枝。

日本紅豆杉

分類／紅豆杉科　常綠喬木　樹高／15～20m　花色／黃（雄花）綠（雌花）　果實／紅

根部／深　生長速度／慢　日照／全日照～半日照　乾溼／適中　定植／3～6月

可以做為綠色屏障，適合寒冷氣候的樹種

古代會用日本紅豆杉木製作笏板（譯註：古代大臣上朝時手持的弧形長板），因其位階相當於正一位，所以又名「イチイ」（一位）。為雌雄異株，春天會開出小花，但不甚醒目。秋天成熟變紅的果實甜美可以食用，但果實裡的種子有毒，務必多加留意。

日本紅豆杉很適合作為落葉樹的背景，建議不要太過修剪，維持圓錐狀的自然樹形即可。樹高超過2m的話，下枝會開始枯萎，這時必須將樹木截低，並去除多餘的下枝。冬天修剪時，則是從基部切除將近1/3冒出變長的枝條。當樹冠變大時，可以沿著主幹，挑選位置較低且已長出的幹頭枝，並將上方的主幹截掉，調整樹高。留下的幹頭枝最終會聳立生長，變成新主幹，這時就能將樹冠修整縮小一圈，且保有整株都充滿彈性的枝條。6月邁入夏天前，疏理掉混雜的枝條以改善透氣。

4月	5月	6月	7月	8月	9月	10月	11月	12月	1月	2月	3月
展葉											
開花					結果						開花
		剪枝									剪枝

從基部切除樹冠內橫長的枝條，修剪量約整體近1/3。讓幹頭枝繼續生長，將主幹更新，降低高度。

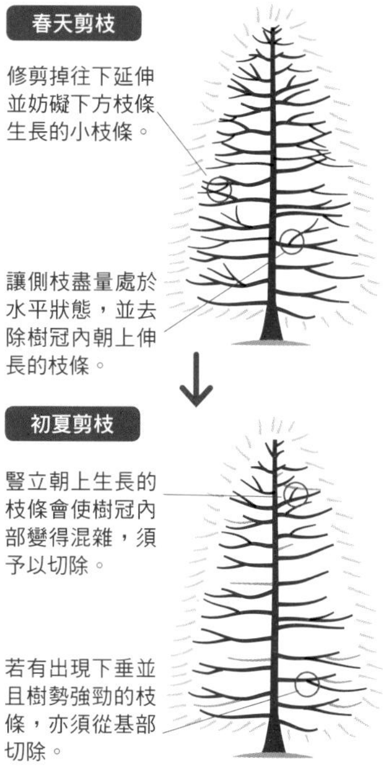
春天剪枝
修剪掉往下延伸並妨礙下方枝條生長的小枝條。
讓側枝盡量處於水平狀態，並去除樹冠內朝上伸長的枝條。
初夏剪枝
豎立朝上生長的枝條會使樹冠內部變得混雜，須予以切除。
若有出現下垂並且樹勢強勁的枝條，亦須從基部切除。

垂枝日本扁柏

分類／柏科　常綠喬木～小喬木　樹高／5～8m　花色／咖啡　根部／淺

生長速度／慢　日照／全日照～半日照　乾溼／適中　定植／3～4月、9～10月

修整成圓錐狀，端正的自然樹形美麗

垂枝日本扁柏的葉子很美，放任不管的話也只會長到5～8m左右，是小庭院也非常好運用的樹種。葉子為扇狀，質地柔軟。生長速度緩慢，可將樹形修整成圓錐狀，不僅自然美麗，也很適合作為落葉樹的背景。垂枝日本扁柏雖然有著纖細的葉子和端正的外表，但其實本質相當強健，能抵禦病蟲害，無論哪種類型的庭院都能加以運用。

為了確保透氣和日照，須用剪刀剪掉混雜的枝條。另外，還要從基部切除樹冠內近1/3的枝條，並讓側枝盡可能地水平生長。若想讓樹形看起來既美麗又自然，就須用手摘掉前端冒出的葉子。摘葉時不光是施力拔掉，而是要從葉子基部稍微擰轉摘除。據說垂枝日本扁柏不太喜愛接觸金屬，所以要避免用剪刀修剪葉尖。

4月	5月	6月	7月	8月	9月	10月	11月	12月	1月	2月	3月
展葉											
開花						結果（隔年）					開花
剪枝		剪枝									剪枝

從基部切除樹冠內整體近1/3的枝條，葉尖則是用手摘除，避免使用剪刀。

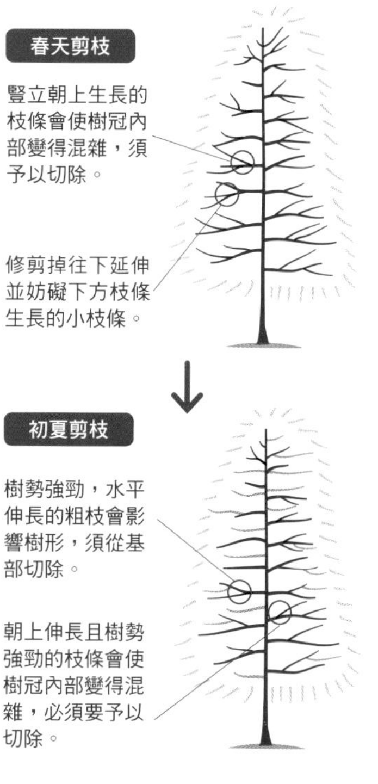
春天剪枝
豎立朝上生長的枝條會使樹冠內部變得混雜，須予以切除。
修剪掉往下延伸並妨礙下方枝條生長的小枝條。
初夏剪枝
樹勢強勁，水平伸長的粗枝會影響樹形，須從基部切除。
朝上伸長且樹勢強勁的枝條會使樹冠內部變得混雜，必須要予以切除。

羅漢松

分類／羅漢松科　常綠喬木　樹高／20m以上　花色／咖啡　根部／深
生長速度／慢　日照／全日照～耐陰　乾溼／適中～偏溼　定植／3～4月

魅力在於具備針葉樹應有的細長葉

羅漢松喜歡日照良好的溫暖環境，在寒冷地區種植難度較高。不同於一般針葉樹，羅漢松的葉子呈現帶點寬度的細長線狀，長15cm，寬1cm左右，革質表面，顏色深綠，葉背則是灰綠色。樹皮是灰白色，會剝落薄片，放任不管可長超過20m。

適合作為落葉樹的背景或在建物前庭院的主體。

秋天剪枝時，要從基部切除樹冠內冒出的枝條，修剪量約整體近1/3。樹高抽高時，則可沿著主幹，挑選位置較低且已長出的幹頭枝，並將上方的主幹截掉，降低樹高。春天則須疏理掉混雜的枝條。

除了捲葉蟲外，羅漢松沒什麼嚴重病蟲害，算是很好種的樹種。

4月	5月	6月	7月	8月	9月	10月	11月	12月	1月	2月	3月
展葉	展葉	展葉	展葉	展葉	展葉	展葉	展葉	展葉	展葉	展葉	展葉
開花						結果（隔年）					
剪枝					剪枝	剪枝					剪枝

從基部切除樹冠內橫長的枝條，修剪量約整體近 1/3。讓幹頭枝繼續生長，將主幹更新，降低高度。

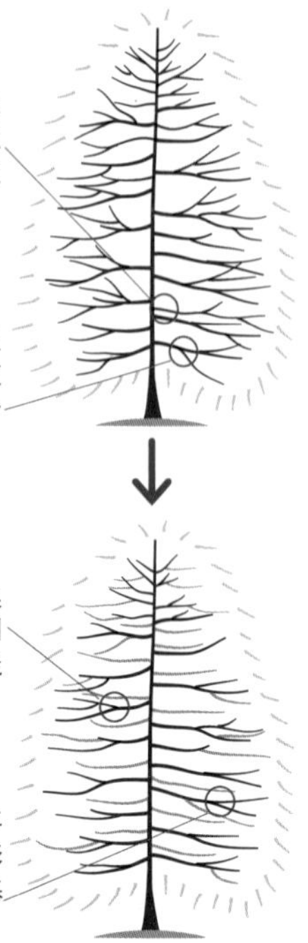
春天剪枝
針對枝條間較混雜的部分，要從基部切除疏理枝條。
若有出現下垂並且樹勢強勁的枝條，須從基部予以切除。
秋天剪枝
樹冠內比較密集的區域，要特別疏理，以改善透氣性。
樹勢強勁，水平伸長的粗枝會影響樹形，須從基部切除。

花柏、扁柏

分類／柏科　常綠喬木　樹高／30～40m　花色／咖啡　果實／咖啡　根部／淺
生長速度／快　日照／全日照　乾溼／適中、偏溼　定植／3～4月

充滿涼感，在半日照環境也能生長的健壯樹種

花柏的生長速度快，非常適合作為落葉樹的背景。以針葉樹來說，樹皮質地柔和，無氣味，枝條稀疏，樹形呈圓錐狀，在半日照環境下也會順利生長。扁柏的生長耗時，一樣充滿涼爽氛圍，更帶有獨特芳香，在稍微陰暗的環境亦能健康長大。

兩者的樹勢都不會太過強勁，能透過剪枝輕鬆管理。

春天剪枝時，要從基部切除樹冠內冒出的枝條，修剪量約整體的2/5。樹高抽高時，則可截短主幹，降低高度。初夏則須從基部切除疏理混雜枝條。花柏和扁柏本質強健，容易種植，移植後也不會衰弱，更沒什麼病蟲害。基本上不太需要施肥，但生長情況不佳時，則可於1～2月施予少量油粕等固態肥料。

4月	5月	6月	7月	8月	9月	10月	11月	12月	1月	2月	3月
展葉	展葉	展葉	展葉	展葉	展葉	展葉	展葉	展葉	展葉	展葉	展葉
開花						結果					
剪枝		剪枝			剪枝						剪枝

從基部切除樹冠內混雜的徒長枝，修剪量約整體的 2/5。並利用幹頭枝，降低主幹高度。

春天剪枝
針對枝條間較混雜的部分，要從基部切除疏理枝條。
從基部切除樹幹冒出的纖細枝條與混雜枝條。
初夏剪枝
從樹幹基部切除混雜並且影響樹木水平生長狀態的枝條。
樹勢強勁，水平伸長的粗枝會影響樹形，須從基部切除。

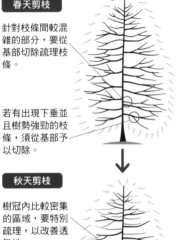

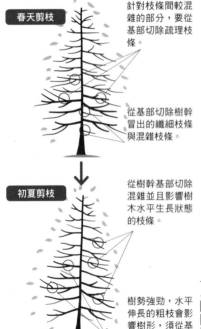

吉野杉

分類／杉科　常綠喬木　樹高／30～50m　花色／咖啡　果實／咖啡　根部／深　生長速度／快　日照／全日照～半日照　乾溼／偏溼　定植／3月下～4月上、10月中～11月

能作為與鄰地的屏障，也能成為極佳的點綴

吉野杉的葉子是深綠色，樹皮為紅褐色，會呈片縱向剝落，樹幹有著美麗紋理。日本原生的吉野杉壽命最長，樹高甚至能超過30m，樹冠也會不斷擴張。此樹種生長快速，且樹形完整，非常適合種在庭院或與左鄰右舍的邊界處，可期能形成一道屏障。

每年都要從基部切除樹冠內冒出的橫長枝條，讓枝條量減半。若要作為庭院點綴，就要去除較多的下枝，以強調樹幹之美。當樹木太高時，還能修整降低高度。可以沿著主幹，挑選位置較低且已長出的幹頭枝，並將上方的主幹截掉，調整樹高。留下的幹頭枝最終會聳立生長，變成新主幹，這時就能將樹冠修整縮小一圈，且保有整株都充滿彈性的枝條。

	4月	5月	6月	7月	8月	9月	10月	11月	12月	1月	2月	3月
展葉	展葉	展葉	展葉	展葉	展葉	展葉	展葉	展葉	展葉	展葉	展葉	展葉
開花	開花											
結果							結果					
剪枝	剪枝						剪枝	剪枝	剪枝			剪枝

從基部切掉一半樹冠內橫長的枝條，並利用幹頭枝，降低主幹高度。

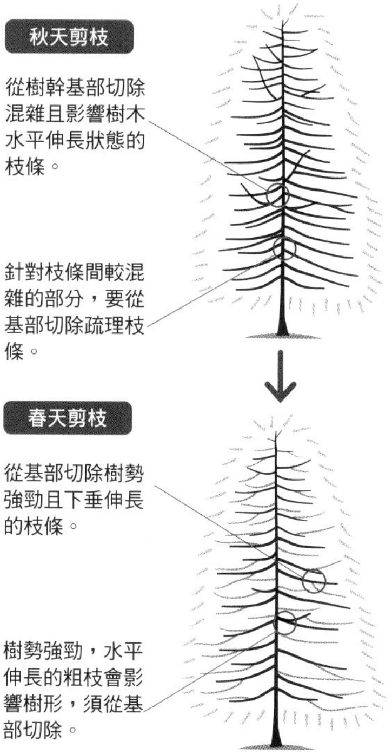

秋天剪枝
從樹幹基部切除混雜且影響樹木水平伸長狀態的枝條。
針對枝條間較混雜的部分，要從基部切除疏理枝條。
春天剪枝
從基部切除樹勢強勁且下垂伸長的枝條。
樹勢強勁，水平伸長的粗枝會影響樹形，須從基部切除。

利蘭地樹

分類／柏科　常綠喬木　樹高／25m以上　花色／咖啡　果實／咖啡　根部／淺　生長速度／快　日照／全日照～半日照　乾溼／適中、偏溼　定植／3～4月

好照料，有著明亮葉色與柔軟枝條

以原產於北美的香冠柏和拿加遜扁柏進行屬間交配成的品種。最普及的普通種有著大型針葉樹少見的亮綠色，枝葉帶有類似扁柏的芳香。樹冠有圓錐形也有圓柱形，生長速度快，放任不管的話樹高可以超過25m。枝條柔軟有彈性，好整理，對初學者而言也是很容易管理的針葉樹，適合種成一排當作樹籬。

利蘭地樹會冒出許多幹頭枝，所以每年要從樹幹切除約整體1/3的枝條。雜亂的枝條也要加以修剪，讓整體看起來稀疏，改善樹冠內部的透氣性。

每過個幾年就要將主幹截短至較低的位置，以控制樹高。非常耐移植，可以在1～2月施予以油粕為主的固態肥料。

	4月	5月	6月	7月	8月	9月	10月	11月	12月	1月	2月	3月
展葉	展葉	展葉	展葉	展葉	展葉	展葉	展葉	展葉	展葉	展葉	展葉	展葉
開花	開花											開花
結果							結果					
剪枝	剪枝		剪枝	剪枝		剪枝						剪枝

從樹幹切除樹冠內雜亂或太過密集的枝條，修剪量約整體1/3。每過個幾年則要截短主幹，降低樹高。

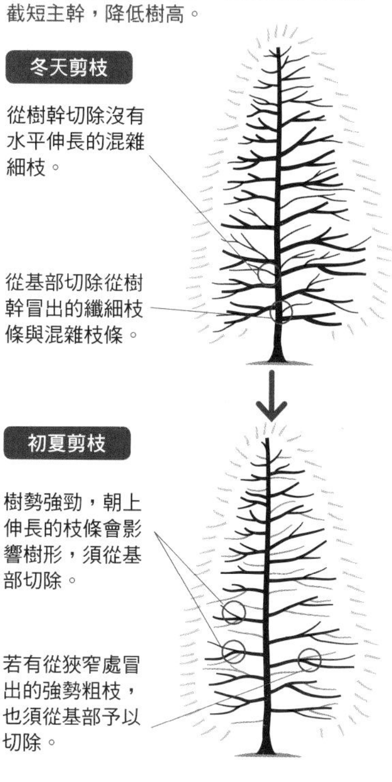

冬天剪枝
從樹幹切除沒有水平伸長的混雜細枝。
從基部切除從樹幹冒出的纖細枝條與混雜枝條。
初夏剪枝
樹勢強勁，朝上伸長的枝條會影響樹形，須從基部切除。
若有從狹窄處冒出的強勢粗枝，也須從基部予以切除。

松樹

分類／松樹科　常綠喬木　樹高／30～35m
花色／紅、黃　果實／咖啡　根部／深
生長速度／快　日照／全日照　乾溼／乾燥
定植／2～3月、5月中～6月中（寒冷地）

春秋兩季花心思照料很重要

松樹一年四季都有綠葉，壽命長，是相當吉祥的樹種，常見的松樹為赤松、黑松。

想讓樹木枝條保有柔軟狀態的話，就要避免「摘綠」，而是直接切除舊枝，隨時更替為新枝條。從分歧的基部拔起較大的枝條並切除，疏理掉整體1／3的分量。讓側邊長出的枝條伸長，為隔年作後續準備。容易遭遇松材線蟲害，冬天需積極施灑藥劑加以驅除。定期為葉子澆水的防治效果也相當不錯。

赤松園藝品種
「蛇目赤松」

	4月	5月	6月	7月	8月	9月	10月	11月	12月	1月	2月	3月
展葉	■	■	■	■	■	■	■	■	■	■	■	■
開花	■	■										
結果（隔年）							■					
剪枝		■	■				■	■	■	■	■	

想讓長枝條的某些位置冒芽的話

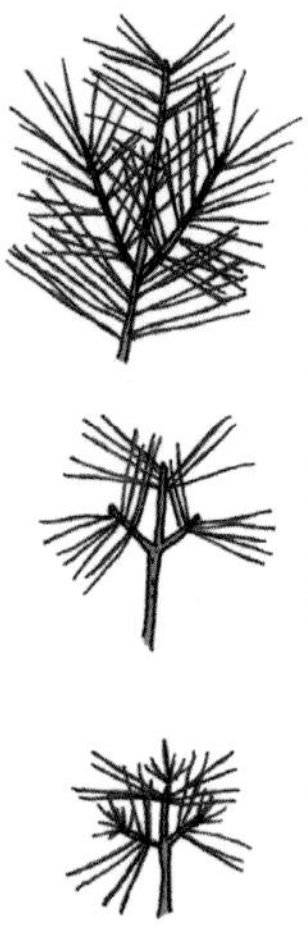

1
4～5月
從想長出枝條的位置上方下刀。

2
針對想長出枝條的位置，先保留該處6～7片的葉子，其餘全部都要摘除乾淨。

3
秋天或隔年4～7月就能夠看見小嫩芽。

如何彎折枝條讓嫩芽長出

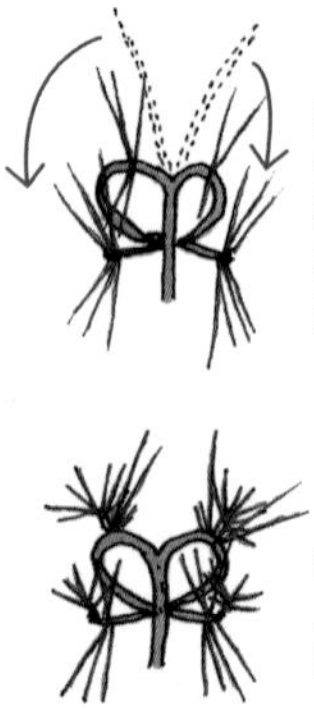
彎折長枝條。

針對想長出嫩芽的位置，先保留該處6～7片的葉子，其餘全部都摘除乾淨。
（4～7月）

秋天或隔年6～7月就能夠看見小嫩芽。

赤松剪枝

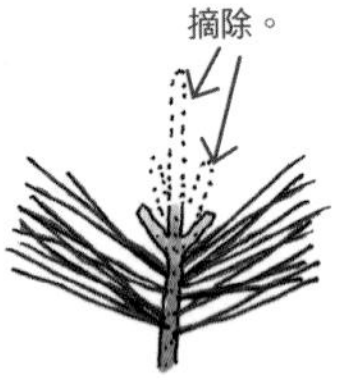
摘除。

赤松生長的速度偏慢，建議摘掉些許新芽，冬天修剪時，則是針對舊葉和混雜處稍作整理即可。

黑松的年度管理

1
長出新芽。
（4月下旬～5月）

2
從基部摘掉全部的新芽。

舊葉基本上也要全部摘除。

3
摘掉新芽的地方會長出夏芽。

4
摘除（11～12月）
保留2枝長度相當的夏芽，其餘全數切除。接著還要摘掉所有的舊葉以及夏芽下半部的葉子。

層次整枝法

往下拉，下側的枝條亦可剪掉。
這裡會長出小枝條。
可在這3處做小枝條。

1
定植1年後開始整枝
（2～3月）

2
春～夏
將這些半途冒出的小枝條分別從各自的基部反折，末端任其生長，形成最前方的枝條。

3
秋～冬
用繩子連同葉子確實地捆住。

4
隔年早春之後
可將小枝條往前或往後誘引，填補空缺處，以此方式整理枝條。

5
第5年之後
就能打造出日本關東地區常見的層次松樹。實生苗要先栽培大約15～25年後再開始整枝。接著還須5～7年的時間才會變得更有層次。

Chapter 4

解決各種疑難雜症！Q & A

無論是和樹木有關的簡單疑問，
還是實際栽培後遇到的常見難題，
這裡都會透過 Q&A 的方式詳細解說。

- 簡單疑問
- 花都不綻放！
- 看起來病懨懨！
- 結不出果實！
- 長太大！

簡單疑問

Q 哪些樹木適合種在公寓？

A 建議種植相對耐乾燥的松柏類或樹形小巧的灌木。

公寓的庭院多半會是所有居民的公共空間或是管理區域範圍，不過有時很幸運地也能擁有專用庭院。然而，會生長變高大的樹種有較難管理的問題，這時建議挑選可以盆植的樹種。如果要在有限的生長環境空間種樹，就必須鎖定並且篩選出幾個樹種。

以相對耐乾燥的樹種來說會選擇針葉樹。其中，名為「松柏類」（Conifer），松科冷杉屬的「小巧」、「低矮」樹種不僅生長速度慢，也幾乎不太需要管理。另外還有白雲杉同類的Picea glauca var. albertiana「Conica」與同為雲杉屬的藍葉雲杉「Globosa」及「Hoopsii」類群，或是松類、扁柏類、北美側柏的同類等。

藍葉雲杉「Koster」擁有曲線柔和的圓錐樹形，且生長速度緩慢。

金桔盆植難度低，是相當推薦的柑橘類。

Point! 也要評估整理根部、更新土壤等管理作業時間

以闊葉樹來說，常綠的柑橘類、南天竹（包含錦系南天的話有非常多品種）、杜鵑花、常綠杜鵑類都是滿推薦的樹種，不過大約每隔一年就要整理根部、更新土壤。管理需要花費多少時間會依實際情況條件有所差異，基本上只要有心整理，大多數的植物都是能栽培的。

然而，盆植要特別注意出現「缺肥」，除了早春與秋天要施予肥料（也可以混合油粕和骨粉），更要避免「根部長出底孔，鑽入地面」。一旦根部鑽入地面，樹木就會瞬間快速生長，建議鋪放淺托盤、混凝土塊或混凝土板。

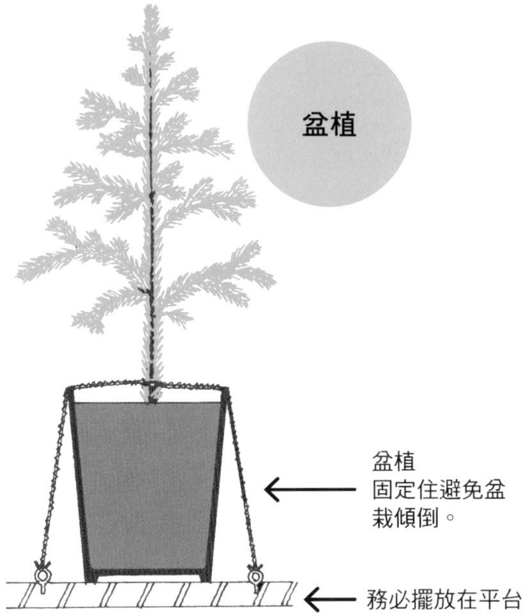
盆植
盆植
固定住避免盆栽傾倒。
務必擺放在平台上。

香冠柏「Goldcrest」帶有清新的黃綠色葉子。

●松柏類種植計畫

	1月	2月	3月	4月	5月	6月	7月	8月	9月	10月	11月	12月
賞葉期	■	■	■	■	■	■	■	■	■	■	■	■
定植期			■	■						■		
移植期			■									
剪枝期			■	■								
施肥期	■	■										

簡單疑問

Q 異葉木樨、銀桂（銀木犀）、齒葉木樨的差別？

A 可以從葉形和花色來區分。

丹桂（金木犀）也屬同個類群，它們都是木犀科木犀屬的常綠喬木～小喬木。異葉木樨是日本九州、四國等暖帶林可見的喬木，九州、屋久島、沖繩及台灣等高處則少量分布，11～12月葉腋（葉子基部）會開出帶芳香的小白花。銀桂是原產中國的小喬木，10月左右也會在葉腋開出芳香的小白花。而齒葉木樨被認為是異葉木樨和銀桂的雜種，但是原生地不詳，為3～6m的小喬木，同樣會在10月左右於葉腋開出芬芳的小白花。丹桂的葉腋到了秋天也會開出大量芬芳的橘色小花，因此頗受歡迎。

銀桂「sweet olive」

丹桂

異葉木樨

Point!

可以靠葉緣的「鋸齒形狀」來判斷

想要辨別這三種樹種時，「葉子」會是不錯的指標。異葉木樨有著3～5㎝的橢圓～長橢圓形葉子，表面是帶有光澤的深綠色，葉尖尖銳，葉緣左右對稱，基本上會有3對大大的尖銳鋸齒（就像是鋸子的刀片），摸到還會刺傷皮膚。不過，當異葉木樨變老木時，葉子的大鋸齒會消失，使邊緣變得滑順，葉尖也會變圓，變身幅度大到讓人懷疑這真是異葉木樨？

銀桂有著長7～12㎝的長橢圓～狹長橢圓的葉子，葉緣是細細的鋸齒狀，偶爾也會出現沒有切痕的滑順葉片。與常出現在周圍的丹桂相比，銀桂葉表的綠色更深，但葉緣的波浪狀不像丹桂那麼明顯。

齒葉木樨的葉子比異葉木樨大，為5～8㎝的卵形橢圓，雖然很多尖尖的鋸齒，但用手觸摸葉緣時沒什麼疼痛感。另外，這些樹木的栽培方法大同小異。

齒葉木樨
密集的尖刺狀鋸齒。

銀桂
細小的鋸齒狀，偶爾可見沒有切痕的滑順葉片。

異葉木樨
大大的鋸齒狀。

丹桂
邊緣為波浪狀。

●異葉木樨種植計畫

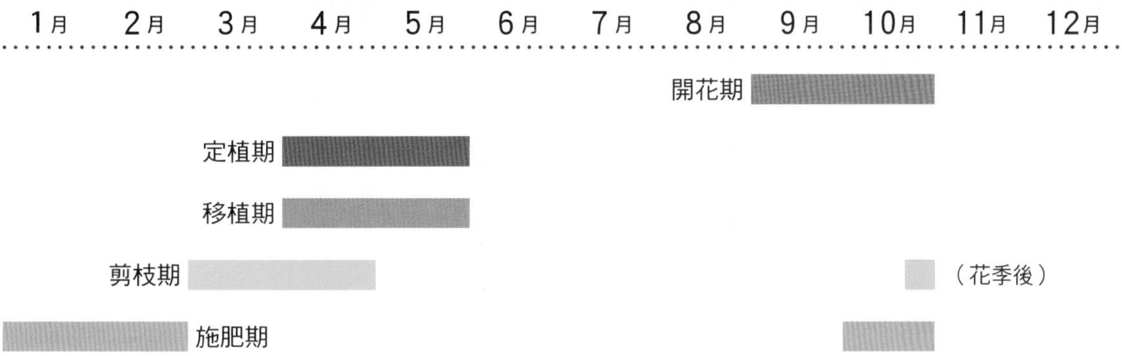

1月
2月
3月
4月
5月
6月
7月
8月
9月
10月
11月
12月
開花期
定植期
移植期
剪枝期
（花季後）
施肥期

簡單疑問

Q 怎樣才能養出漂亮的含笑花？

A 訣竅在於花季後要施肥，為植株補充活力。

含笑花是木蘭科含笑屬的常綠大灌木～小喬木。5月中旬～6月上旬會開出帶有成熟香蕉香氣的花朵。也因為花朵的香氣，含笑花英文又名叫「Banana Shrub」。花徑為2～2.5㎝，花瓣帶點厚度，顏色為黃白色。含笑花的正式和名為「トウオガタマ」（唐招霊），但一般市面上常用的日文名稱是「カラタネオガタマ」（唐種招霊）。

含笑花樹幹抽高的話可達4～5m，貼近地面處也會經常冒出枝條。當樹木長到一定高度時可以剪芯，讓樹形維持半球狀、圓錐形或圓柱形，不過如果是種在寬闊庭院，就算沒有定期剪枝也不會造成大太問題。

另外還有一種引進日本僅30多年，名叫深山含笑（學名：Magnolia maudiae）的含笑屬樹木，這在日本其實算是還蠻新穎的樹種，但3月中旬～4月中旬時，樹冠會開出一整片尺寸達10㎝的雪白花朵，綻放迷人香氣。

含笑花的園藝品種「Purple Queen」花朵為高雅的紅褐色，頗具人氣。

花朵是很優雅的酒紅色，且帶有著香草氣味的園藝品種「Port Wine」。

含笑花帶有香蕉氣味。

Point!

定植時要保留整個土團

前頁提到的含笑花及深山含笑的氣味特別芳香，也有業者在生產苗木。唯一的缺點是在庭院種植超過5年的植株移植難度會很高。

植入幼苗時，切記保持土團完整性。另外，1月下旬~2月中旬施予固態發酵油粕，讓植株花季後能長出健康有活力的枝條（明年的開花枝條）亦是重要。花季後才伸長變長的枝條葉腋（葉子基部）同樣會結出花苞，所以也要細心呵護這些枝條。基本上不太需要剪枝，發現有枝條混雜時，再加以去除即可。另也沒有必須特別注意的病蟲害。

●含笑花種植計畫

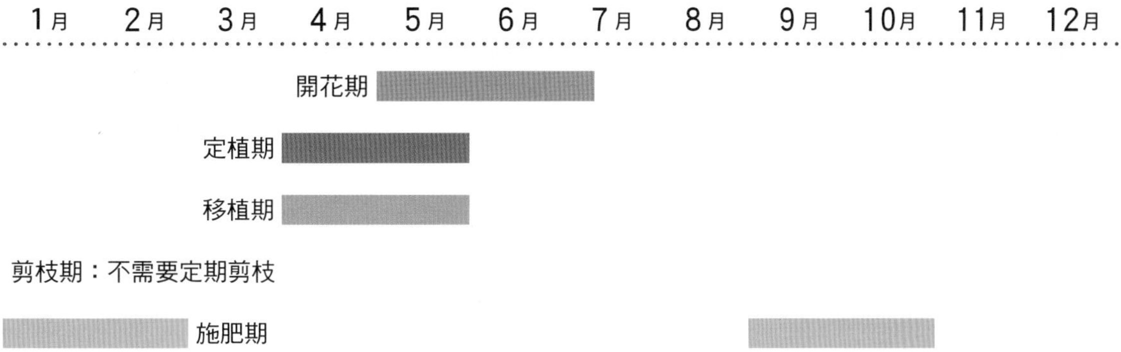
1月 2月 3月 4月 5月 6月 7月 8月 9月 10月 11月 12月
開花期
定植期
移植期
剪枝期：不需要定期剪枝
施肥期

花都不綻放！

Q 為什麼繡球花不開花？

A 其實，繡球花喜歡日照良好的環境。

繡球花是會在梅雨季節開花的人氣花木。雖然不是很頻繁，但偶爾會聽聞以下關於繡球花的看法。

一般人都以為繡球花「喜愛半日照環境」，但這個印象與實際原生狀況卻天差地遠，以原生地的伊豆半島及伊豆七島來說，這裡是整天都會照到太陽且相當傾斜的岩石地質，因此繡球花的植株大，還能開出大量花朵。原生於海岸線沿岸的繡球花還會長時間接觸海水飛沫，植株就像處在一天24小時都被霧包圍的環境。

因此，只要為繡球花提供能讓根部充分伸長的土壤，那麼日照良好的環境會讓植株更容易開花。

也因為繡球花的這項特性，我們針對「完全不開花」的情況可以作下述探討。

第一，審視繡球花是否種在相當陰涼的地點？第二則是剪枝方法是否正確？上述兩點可以說算是影響繡球花生長相當關鍵的因素。

如果目前種植的位置環境陰涼，那就必須當機立斷，將植株移到日照良好處。移植時，要將原本的土壤添加1袋赤土混有腐葉土（15ℓ）的土壤，充分混合後即可移植，但植株不要埋得太深。植入後還要在植株基部鋪上厚厚一層稻稈或腐葉土，藉由覆蓋來提升根部的保溼度（但也不可過溼）。

酸性土壤反映在花色上的藍色系繡球花。

一般都認為繡球花屬耐陰性，實際上卻喜愛日照良好的環境。

Point! 剪枝方法是否正確？

關於剪枝的部分，繡球花的花芽一般會在8月下旬～9月分化。從春天到初夏期間會長出新梢，前端的新芽就會變成花芽。如果在開完花後就將其剪短，花芽將無法分化，隔年就開不了花。另外，冬天修剪其他庭木時，如果也不小心剪去繡球花的枝梢，就會把花芽剪掉，當然就完全無法開花。

如果不知道如何剪枝，建議2～3年都先不要修剪，任植株自由生長。除非真的是非常陰涼的環境，否則繡球花不可能不開花。

頂芽持續吸收養分直到8月的話就會形成花芽。
頂芽在8月時如果沒有吸飽養分，此處的新芽就會變成花芽。
秋天之後，如果把植株修剪低於一半高度，將無法開花，任其生長反而能確保百分之百的開花率。
繡球花的花芽生長

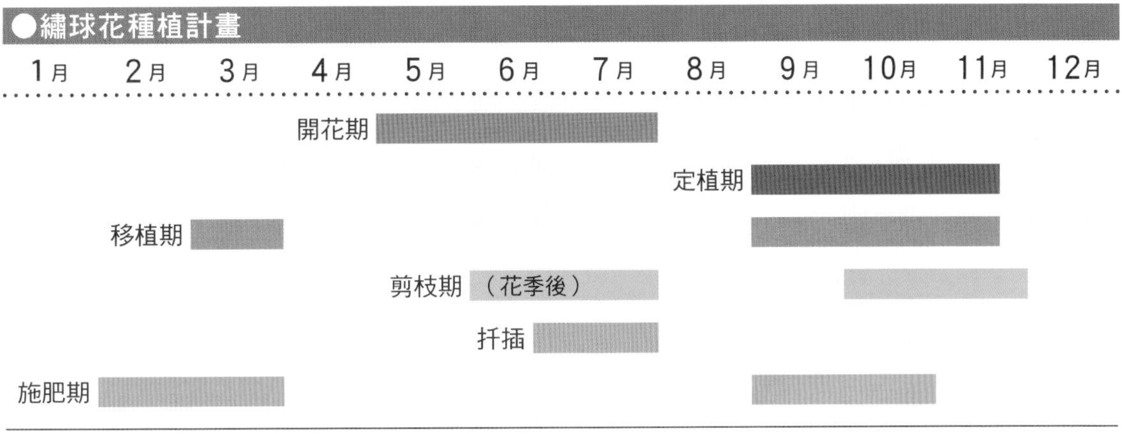
●繡球花種植計畫
1月
2月
3月
4月
5月
6月
7月
8月
9月
10月
11月
12月
開花期
定植期
移植期
剪枝期（花季後）
扦插
施肥期

花都不綻放！

Q 杜鵑和皋月杜鵑不開花？

A 問題可能出在螟蛾幼蟲。

首先要來說明分辨杜鵑和皋月杜鵑的方法。其實兩者都被歸類於杜鵑花科杜鵑花屬。在杜鵑花屬裡頭還有山杜鵑、蓮華杜鵑、麒麟杜鵑、白花杜鵑等。皋月杜鵑和這些杜鵑花屬同一列，所以杜鵑和皋月杜鵑並非毫不相干。

兩者皆屬常綠灌木，枝條茂木叢生，和其他杜鵑花類相比，無論是花形、樹形都沒有太大差異。

這時會把開花期為5～6月，也就是「陰曆五月（日文即是皐月）」開花的特別稱作皋月杜鵑，3～4月開花的則是杜鵑。兩者在分類上都是杜鵑花屬，但皋月杜鵑日文的サツキ正確應稱為「サツキツツジ」。

皋月杜鵑日文一般稱サツキ（皐月），但正式全名為サツキツツジ（皐月躑躅）。

白花種的皋月杜鵑。

將各種園藝品種種成一排也相當美麗。

蓮華杜鵑

Point!

在害蟲出現以前，就要及早噴灑殺蟲劑

杜鵑或皐月杜鵑若有出現不開花的情況，就要懷疑是否遭遇杜鵑花類常見的害蟲。杜鵑花類容易遭遇的害蟲為網椿和二點葉蟎。4～10月期間可能會遭遇4～5次蟲害，二點葉蟎更是會集中發生於7～8月高溫乾燥季節，因此蟲害情況也會特別顯著。雖然葉子會有點斑駁變白，或是附著糞便，但還是能繼續開花。發現害蟲現身時，就要及早利用噴灑殺蟲劑或除蟎劑驅除。

如果是植株不會開花，應該就是螟蛾幼蟲造成的了。4～10月期間大約會發生3次蟲害，幼蟲會侵蝕新梢前端。6～8月上旬，新梢前端會冒出關鍵花苞的核心部位，隔年才能開出花朵，一旦花芽分化後的8～9月出現螟蛾幼蟲，花苞就會完全掉落，當然就開不了花。對此，必須在7～9月上旬期間，每10～15天針對新梢處仔細噴灑馬拉松或撲滅松加以防治。

一般管理的部分則會待各品種的花季結束後立刻剪枝，如此一來將能增加隔年的開花量。

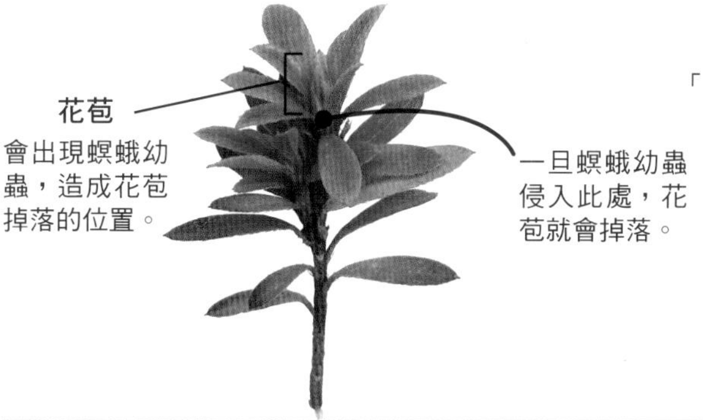
花苞
會出現螟蛾幼蟲，造成花苞掉落的位置。
一旦螟蛾幼蟲侵入此處，花苞就會掉落。

麒麟杜鵑「日出霧島」

●杜鵑類種植計畫

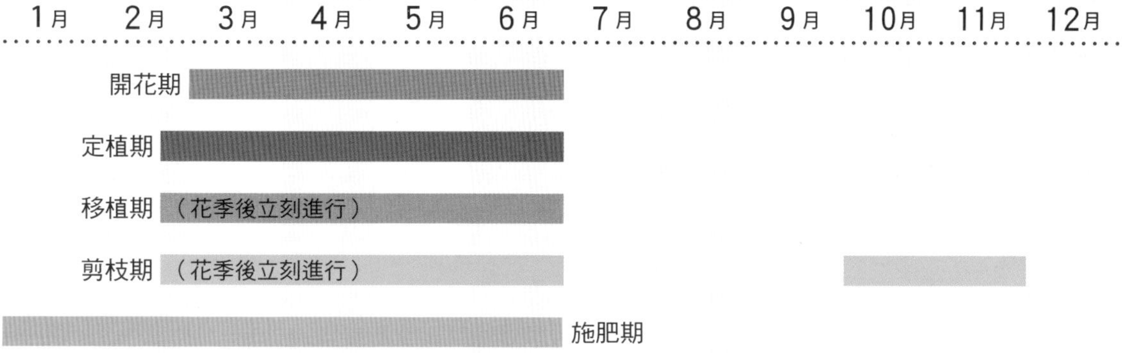
1月
2月
3月
4月
5月
6月
7月
8月
9月
10月
11月
12月
開花期
定植期
移植期
（花季後立刻進行）
剪枝期
（花季後立刻進行）
施肥期

Q 怎樣才能讓丹桂開花？

A 移植到日照好、土質佳的地點。

如果是拿種在5號盆的丹桂幼苗移植，一般來說最慢也會在4～5年首次開花。日照條件愈好會愈容易開花，不過就算是半日照環境，開花數減少，丹桂基本上都還是會開花。以定植庭院15年的丹桂來說，若是使用普通的庭院用土，樹高都還是能達5m左右。

如果過了許多年丹桂樹還是長不高，只有1.5m、2m左右且開不了花，就生長狀況推測只有幾種可能性，其一是使用了混合礫石的砂土，導致土中完全不含有機質，或是使用了乾燥後會變得跟混凝土一樣的黏質土。若真是這樣，繼續種植也無法讓植株變得強健，自然就開不出花朵。

所以，處理的方式包含了移植到土質良好的地點，或是挖至12～15號盆，讓植株能夠休養生息。但無論如何，各位務必備妥適合栽培，富含腐植質，兼具排水和適當保水力的土壤來進行移植。

丹桂的花朵。

丹桂在秋天會開出香氣宜人的花朵。

Point! 移植後施予肥料，讓樹木養足體力

若是冬天嚴寒，積雪深厚的地區，建議選在已經充分變暖的4月下旬～5月中旬進行移植。先挖出較大的植穴，並將優質田土充分混合2成的腐葉土再植入。植入後，要架設支柱以防植株傾倒，並於植株基部澆淋大量水分。若採用盆植，則是先在盆底放入15～20㎝深的大顆粒赤玉土，接著加入中小顆粒赤玉土混合3成腐葉土的資材。若要使用附近的田土，則要以5：3：2比例的田土、鹿沼土、腐葉土進行調配。

丹桂屬溫暖地區的植物，種植庭院時，務必盡量挑選日照良好的溫暖位置，冬天建議給予禦寒防護。盆植的話則可放走廊，亦能達到禦寒效果。移植後，只要新枝條伸長變長，就能在同一年的10月上旬將油粕和顆粒化肥（氮：磷：鉀＝8：8：8）取各半分量混合作為施肥。隔年起，每到3月中旬則須施予混合等量油粕和顆粒化肥的肥料。如此一來樹木就能養足體力，開花機率當然也會變高。只要不是種在陰涼處，照理說丹桂都會開花。

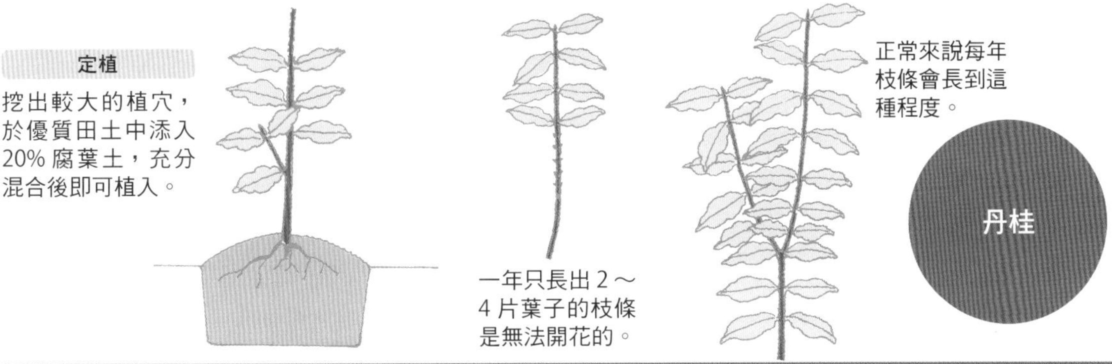
定植
挖出較大的植穴，於優質田土中添入20% 腐葉土，充分混合後即可植入。
一年只長出2～4片葉子的枝條是無法開花的。
正常來說每年枝條會長到這種程度。
丹桂

●丹桂種植計畫

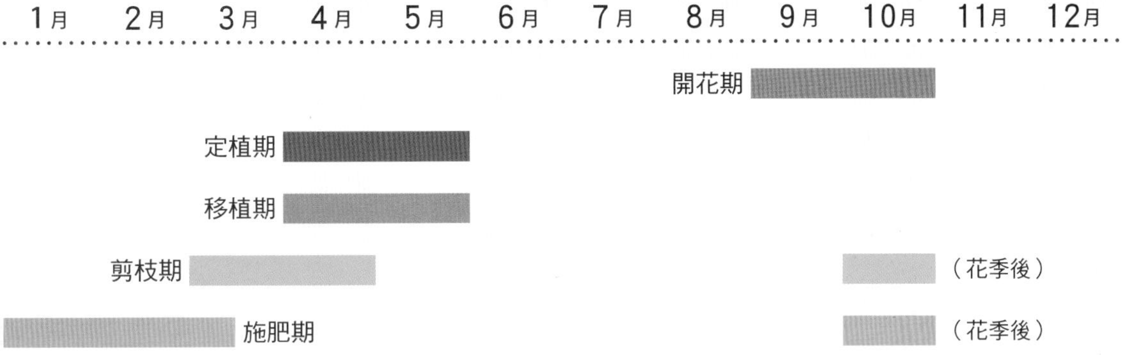
1月
2月
3月
4月
5月
6月
7月
8月
9月
10月
11月
12月
開花期
定植期
移植期
剪枝期
（花季後）
施肥期
（花季後）

花都不綻放！

Q 怎樣才能讓美洲風箱果開花？

A 移移植到日照良好，土壤肥沃的地點。

美洲風箱果原產於美洲東部，是風箱果屬落葉喬木，市面上可見「Summer Wine」、「Diabolo」等多款園藝品種。葉子為金黃色的品種「Luteus」自古便引進日本，又名金葉小手毬（キンバコデマリ），常被用作為切枝或庭木運用。「Tiny Wine」則是近年引進日本的彩葉草矮性品種，葉子顏色為深紅紫色。

美洲風箱果的短枝條末端會在5月下旬～6月中旬開出集結大量花徑為7～8㎜的5瓣白花，形成5～6㎝的頭狀花序，不過「Summer Wine」品種的花朵會帶點淡紅色。

若美洲風箱果不開花，或開花數太少時，各位不妨換個思維，以彩葉草的角度，改為欣賞美麗的葉子。舉例來說，可以把美洲風箱果種在花圃中央，周圍種植黃色的三色堇，或是用西洋櫻草將四周圍繞。千萬別因為不開花就丟掉，這樣美洲風箱果會很可憐呢。

美洲風箱果「Tiny Wine」

美洲風箱果「Summer Wine」

美洲風箱果「Diabolo」

Point!

春天要先「理根」，並於隔年早春移植

美洲風箱果喜歡日照佳且具保水性的肥沃環境，除了要在植株基部附近埋入大量腐熟堆肥或腐葉土來提升保溼性，植株也不能埋得太深，才能確保排水性。

建議選在2月下旬～3月進行定植或移植，但若是定植已4年的植株，必須先在3～4月期間用鏟子鏟入植株周圍完成斷根或理根作業（移植樹木的1～2年之前，要先斬除不斷擴展的鬚根，僅保留中間的根部，促進細根形成），待隔年早春即可移植到日照良好處。

肥料部分則是取等量油粕和大豆顆粒般的顆粒化肥加以混合，在開花前的冬天及9月中旬取一把施撒於植株基部附近。

剪枝則是在2月時稍微修掉老舊枝條即可。

美洲風箱果剪枝

在冬天直接剪掉或截短長枝條。
（不想讓植株變大的話就要從基部修剪，想讓植株變更大則是修剪枝條末端即可）

美洲風箱果「Luteus」

●美洲風箱果種植計畫

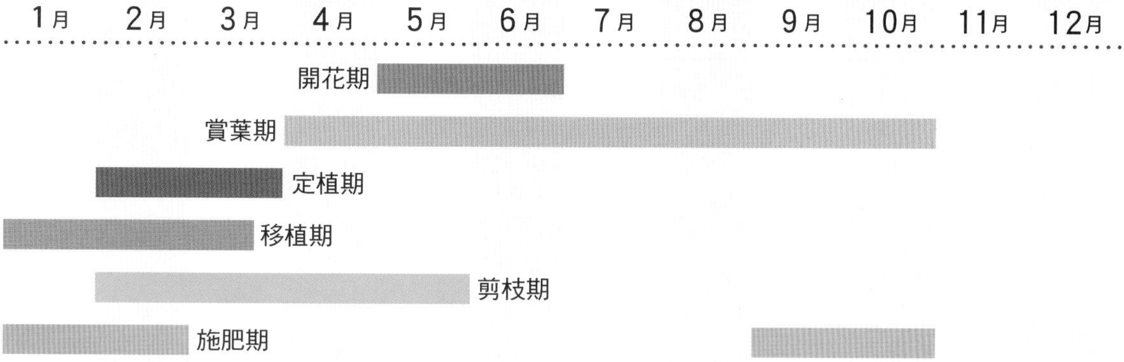
1月
2月
3月
4月
5月
6月
7月
8月
9月
10月
11月
12月
開花期
賞葉期
定植期
移植期
剪枝期
施肥期

花都不綻放！

Q 怎樣才能改善玉蘭的開花情況？

A 改善周圍日照環境並施肥。

這裡是針對玉蘭的開花情況作探討，不過玉蘭又可分成許多種類，光這樣無法知道是開白花的白玉蘭？淡紅色花朵的二喬木蘭？還是開紅紫色花朵的紫玉蘭？因為玉蘭有太多品種及各式園藝品種，這裡就以開白花的白玉蘭作深入探討。

不只是白玉蘭，只要是白玉蘭的同類，花苞都不會是長在長枝條末端，反而長在不超過30㎝的短枝條。枝條數較少的年輕玉蘭木開出的花當然偏少，但如果是樹幹與高度相當的樹木還不開花，可能會是下述幾種理由。

周圍其他樹木的枝葉是否遮蓋到玉蘭樹？種植位置是否日照不佳？土質是否相當貧瘠等等。即便沒有被周圍其他樹木（尤其是常綠闊葉樹）覆蓋，只要是種植位置貼近高樓建物，導致日照不足，枝條伸長後也會相當纖細貧弱，進而會影響開花。

白玉蘭開花時的模樣。

白玉蘭花。

Point!

於12～2月進行整枝、剪枝，讓植株長出能開花的枝條

2月中旬～下旬期間，於樹木基部周圍的表面施撒約2ℓ以等量油粕和顆粒化肥（氮：磷：鉀＝10：10：10）混合成的肥料，再用鏟子稍微與土壤混拌，讓樹木活力充沛。9月中旬～10月上旬也要以相同方式施撒約1ℓ肥料。

至於日照部分，若周圍樹木枝條會阻擋到玉蘭樹，則可於冬天～3月上旬期間修剪枝條，改善透氣與採光。玉蘭樹的整枝、剪枝則是在12～2月將變長的枝條截短一半，讓剩餘的部分再長出短枝條，作為能開花的枝條。

白玉蘭的開花與剪枝法

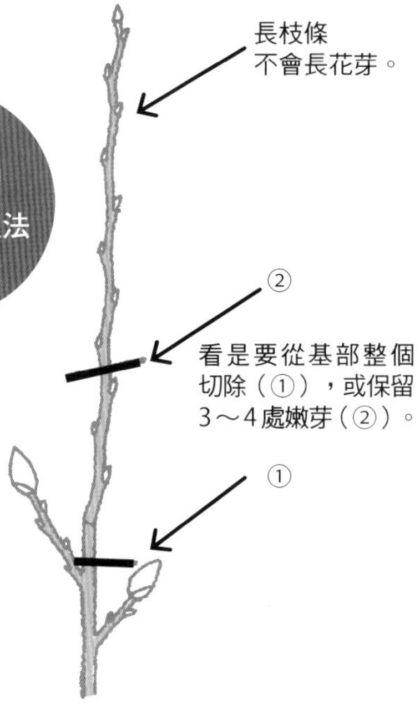
長枝條
不會長花芽。
②
看是要從基部整個切除（①），或保留3～4處嫩芽（②）。
①

狹萼辛夷（狹葉紫玉蘭）的花比紫玉蘭更小朵。

●玉蘭種植計畫

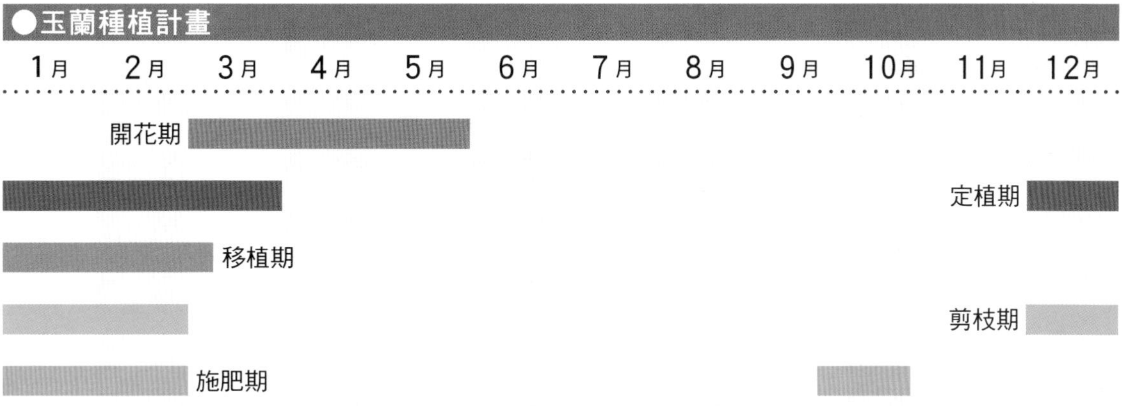
1月
2月
3月
4月
5月
6月
7月
8月
9月
10月
11月
12月
開花期
定植期
移植期
剪枝期
施肥期

Q 怎樣才能讓常綠杜鵑每年開花？

A 掌握日本杜鵑與西洋杜鵑的特徵，學會如何挑選株苗。

常綠杜鵑在日本又可大致區分為「日本杜鵑」與「西洋杜鵑（洋石楠）」。

如果是原生於北海道至九州高山冷涼地區的常綠闊葉灌木，基本上會統稱為「日本杜鵑」。源自於中國或者喜馬拉雅地區，由歐美培育的諸多園藝品種則會稱作為「西洋杜鵑（洋石楠）」。

若是居住在山梨縣、長野縣等相對冷涼的地區，就能看見許多名叫吾妻杜鵑的原生種日本杜鵑，所以常綠杜鵑的生長環境並沒有太多限制。以日本杜鵑來說，若要樹形小且俐落的話，會推薦九州屋久島產的屋久島杜鵑，或是稍微較大的細葉杜鵑。不過屋久島杜鵑需要做點防寒措施。屋久島杜鵑和細葉杜鵑的花苞都是紅色，會開出淡紅～白色花朵。

另外，日本杜鵑有個很明顯的特徵，那就是要等過一年才會開花的「隔年開花」。想讓日本杜鵑每年都順利開花的話，

植株必須養到相當程度的大小，至於要讓植株長大，就一定會經歷隔年開花的階段。

屋久島杜鵑的交配種（日本杜鵑）。

顏色鮮豔的西洋杜鵑（洋石楠）。

Point!

想要每年都能開花，會建議種西洋杜鵑

反觀，西洋杜鵑的花色不僅豐富，「隔年開花」的情況也不常見，同時兼具耐暑好種植等特性。西洋杜鵑的幼苗偏大，樹高可達30～40cm，所以可從不同的花色與尺寸挑選苗木。

從上述幾點來看，光是常綠杜鵑再加上園藝品種繁多的西洋杜鵑後，各位應該就能體認到種植杜鵑這種花木其實不必思考太多，種起來也相當輕鬆。種植西洋杜鵑時，只要沒有刻意用盆栽控制樹形大小，基本上每年都能順利開花，所以從栽培難易度來看，會比較推薦西洋杜鵑。

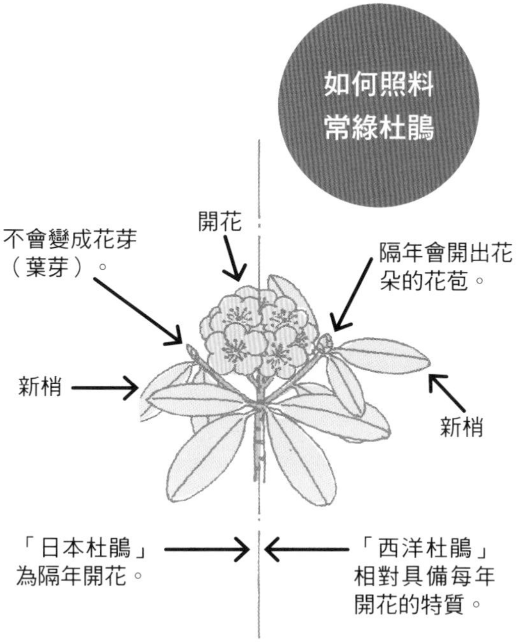
如何照料常綠杜鵑
開花
不會變成花芽（葉芽）。
隔年會開出花朵的花苞。
新梢
新梢
「日本杜鵑」為隔年開花。
「西洋杜鵑」相對具備每年開花的特質。

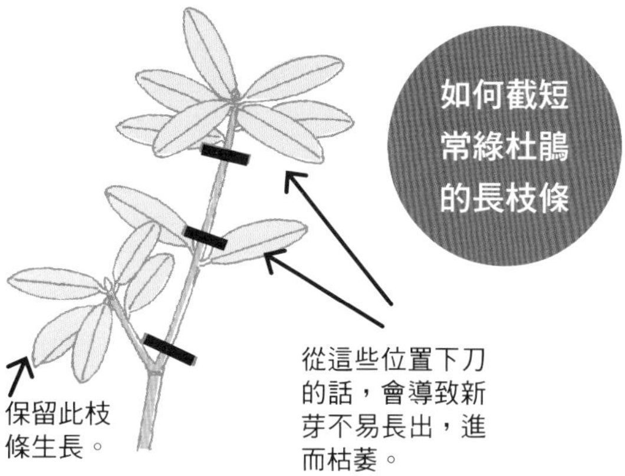
如何截短常綠杜鵑的長枝條
從這些位置下刀的話，會導致新芽不易長出，進而枯萎。
保留此枝條生長。

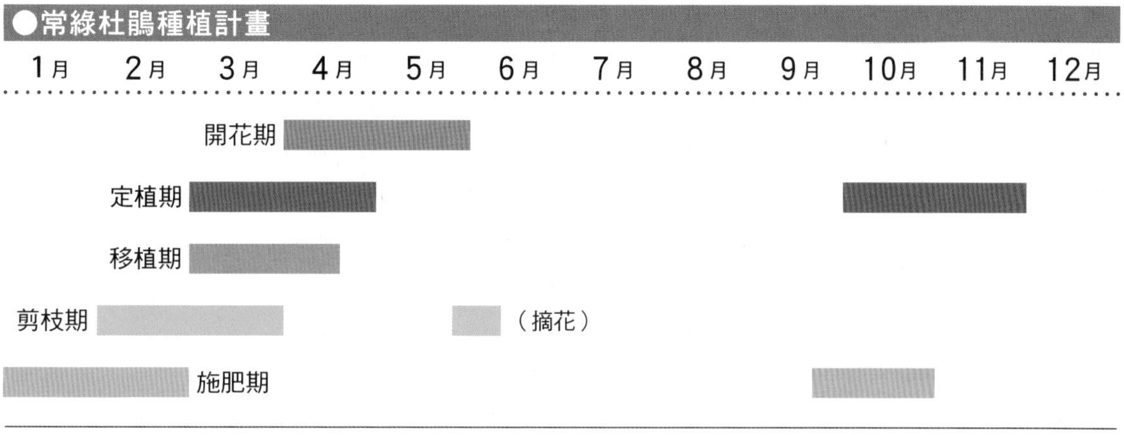
●常綠杜鵑種植計畫
1月
2月
3月
4月
5月
6月
7月
8月
9月
10月
11月
12月
開花期
定植期
移植期
剪枝期
（摘花）
施肥期

花都不綻放！

Q 怎樣才能讓山茶每年大量開花？

A 晚秋至初冬期間要摘除約2/3的花苞。

山茶種類繁多，因此具備驚人的多元性。伊豆大島會送給遊客作為伴手禮的山茶苗木，多半為原生於伊豆半島的鳳凰山茶（日本山茶）實生苗，此品種為單瓣紅花，會利用種子搾取山茶油。鳳凰山茶的花朵大小、紅花濃淡、葉子大小與生長差異其實也都存在非常些微不同，不過很容易以種子種成幼苗，基本上開出的的紅花皆為5瓣，花徑為4～6㎝。

然而，若是多瓣、條紋色、白花等園藝品種無法從種子開始培育，就算有了種子，培育出來的植株不見得會開出跟親株一樣的花朵，形狀和顏色可能會不同。

山茶的園藝品種繁多，市面上的株苗多半為扦插育成。就算是在庭院種植扦插苗，苗木的樹勢也有可能非常旺盛，冒出漂亮枝葉，但卻遲遲開不了花。若想盡早讓山茶開花，就要先盆植到開出花朵，抑制植株生長。

如果是已達開花樹齡期的山茶，也可以維持現狀繼續栽培。若花開到幾乎看不見葉子，那麼必須在晚秋～初冬期間確實摘除約2/3的花苞，預防樹勢衰弱。就算摘除2/3的花苞還是能開出相當數量的花朵，同時預防樹木疲弱。

山茶「加茂本阿彌」會開出單瓣的大輪白花。

Point! 每年施肥2次，還要及早預防害蟲

1～2月上旬挖掘植株基部周圍，混合分量近2ℓ等比例的油粕和顆粒化肥，埋在基部周圍作為寒肥。9月中旬～11月上旬則要在植株基部撒2把顆粒化肥。

待花季結束後就要立刻剪枝。另外還要非常留意茶毒蛾、介殼蟲、蚜蟲，一旦發現務必及早驅除。

山茶「太郎冠者」屬中輪品種，亦名為有樂。

疲弱樹木的枝條長法

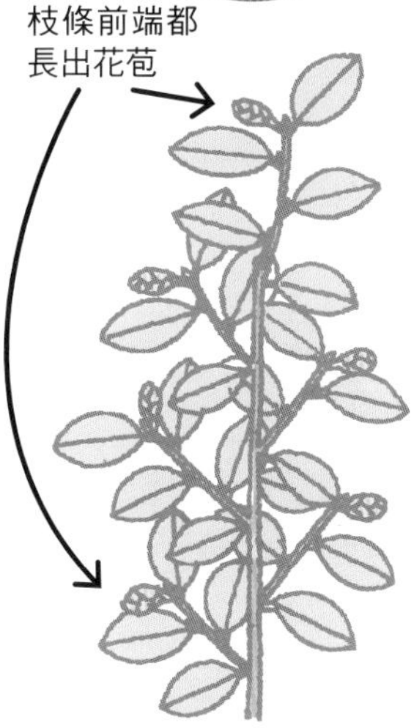

枝條前端都長出花苞

枝條伸長長度不多，但所有枝條前端幾乎都會有花苞。花季後會使樹木變衰弱，枯枝也會相當顯目。

正常的枝條長法

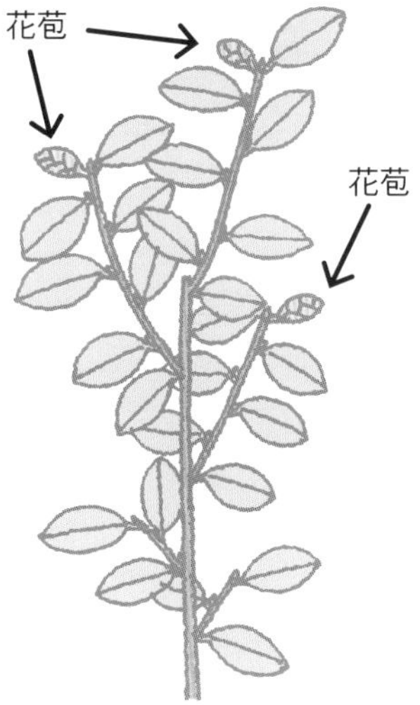

花苞
花苞

山茶「Nancy Reagan」會開出顏色鮮豔的多瓣花。

●山茶種植計畫

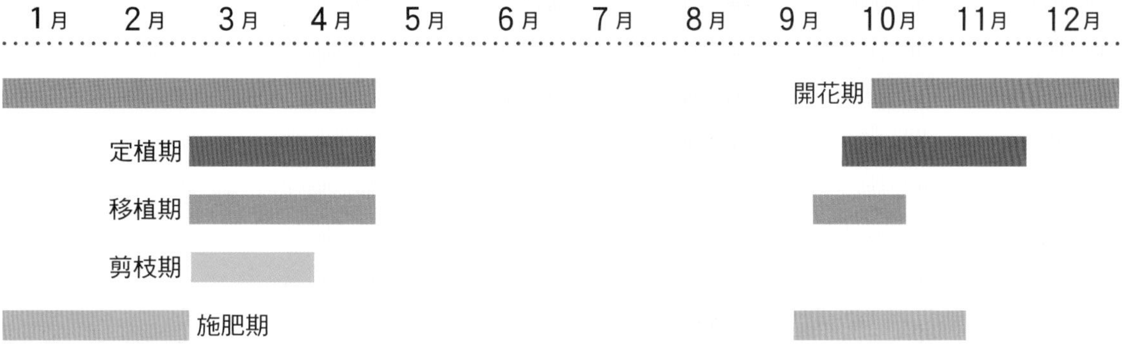

1月
2月
3月
4月
5月
6月
7月
8月
9月
10月
11月
12月
開花期
定植期
移植期
剪枝期
施肥期

Q 瑞香看起來病懨懨，感覺快枯萎了？

A 瑞香討厭溼氣，要種在排水良好的土裡。

瑞香科植物從亞洲到歐洲多達近90種，以日本來說則有三種，分別是中部以西的太平洋側樹林內可見的白花瑞香，東北地區南部以南～四國、九州山林則可見東北瑞香（亦名夏坊主），以及原生於石川縣～北海道的*Daphne jezoensis*。帶有芳香的「瑞香」（沈丁花）則是廣泛分布中國中部～南部並延伸到喜馬拉雅地區的常綠性灌木，可見白花種、斑紋種等幾個園藝品種。

種植瑞香後如果有植株無法順利生長的情況，就要確認看看目前庭院土壤的土質。以日本關東地區來說，大致可分為旱田地帶與水田地帶，分別是火山爆發後，火山灰堆積而成的「洪積層（洪積土Diluvium）」，以及大河川發生嚴重水患後，粒子沉澱所形成的細緻黏質土，名為「沖積層（沖積土）」。前者的下部為赤土層，上面則是富含有機質的輕土層，排水性佳，是相當適合種植蔬菜類及葫蘆科植物的土壤。反觀，沖積土是顆粒非常細緻的黏質土，因此排水不佳。

瑞香的根皮厚又柔軟，再加上細根較少，所以非常討厭過度潮溼的環境。不只是人稱水田用土的荒木田土，所有排水差的黏質土都會使瑞香在4～6個月內因疫病菌出現根腐症狀，甚至突然枯萎。就算再怎麼細心種植，多半還是會在1～2年內枯死。

瑞香花朵，外側為淡紅色，內側為白色。

盆植的瑞香也能
生長得很好。

Point!

若是黏質土，就必須換成排水好的土壤

如果只能種在排水差或黏質土的庭院環境，會建議在現有的庭院土壤上堆放至少1㎥洪積土的田土或赤土（注意不是鋪放，必須隆起），這些土還要混入2～3成的腐葉土，接著植入苗株。若是採行盆植，務必記住盆缽不可太大、維持土團完整性、不要切斷根部。先在盆缽擺入顆粒較大的粗粒底土，再以5：3：2的比例，混合小顆粒赤玉土、腐葉土、鹿沼土製成種植用土。夏天太過炎熱時，建議放置在半日照地點，但無論如何都必須注意不可過度潮溼。然而，就算環境條件再好，瑞香的壽命大概也只有40～50年。

如何種植瑞香

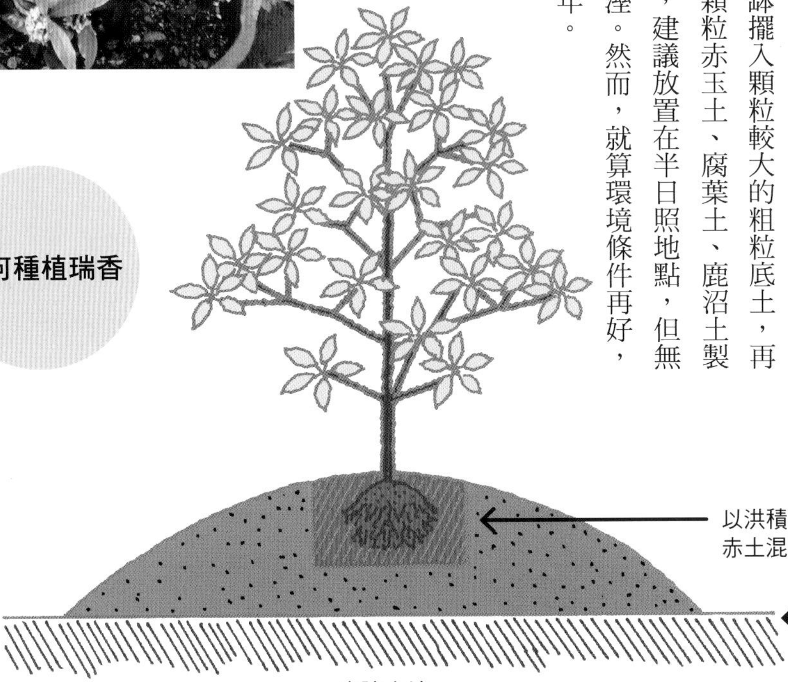
以洪積土的田土或
赤土混合腐葉土
沖積土的庭院土壤
庭院土壤

●瑞香種植計畫

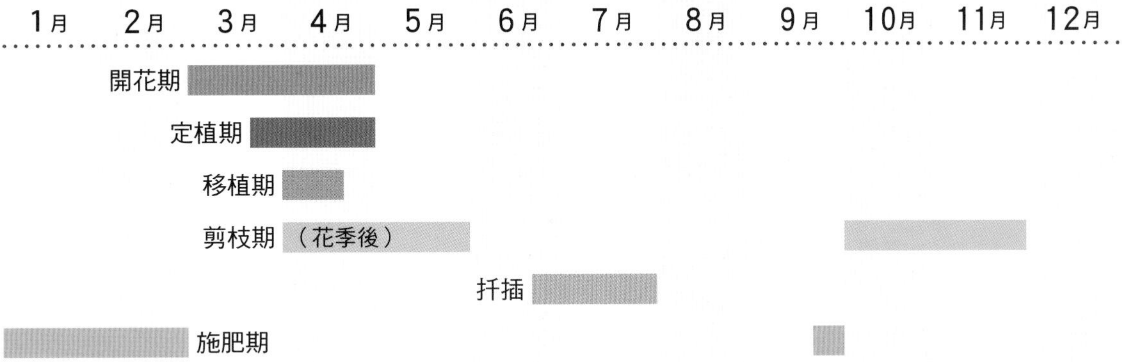
1月
2月
3月
4月
5月
6月
7月
8月
9月
10月
11月
12月
開花期
定植期
移植期
剪枝期
（花季後）
扦插
施肥期

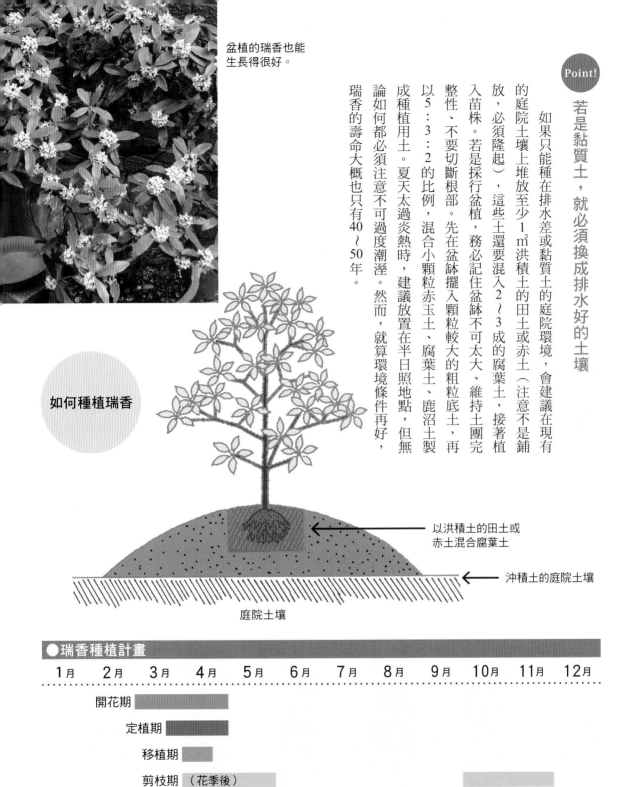

看起來
病懨懨！

Q 盆植的吊鐘花枯萎了？

A 移植到排水佳的酸性土環境。

用盆栽種吊鐘花其實不會很難，如果目前正好也有在種皋月杜鵑、久留米杜鵑、常綠杜鵑的話，那麼用完全一樣的方法照理說就能種成。

吊鐘花在分類上是杜鵑花科吊鐘花屬，和其他杜鵑花類一樣，植株根細，偏愛酸性土，適合種在排水佳的土壤環境。若是盆植的話，可挑選材質為輕盈塑膠的植木盆，或是深度較淺的素燒馱溫鉢，在盆底鋪放中～大顆粒的赤玉土或大顆粒的鹿沼土，以改善排水。以小顆粒赤玉土3：小顆粒鹿沼土5：泥炭土2的比例調配用土，並於2月下旬～4月期間定植。株苗種入盆栽後，再以細棒子戳土壤表面，讓用土能遍布根部之間。定植後大量澆水，擺放在日照與通風良好的平台上，避免雨水噴濺。另外還可以在土壤表面鋪放吸了水的水苔，用以防止乾燥。

秋天的鮮豔紅葉亦是美麗。

吊鐘花春天會開出大量如鈴蘭般的可愛白花。

Point! 種植的盆栽不可過大

各位務必記住，盆栽不可比苗木大太多。定植時要把苗木的土團剝乾淨，必要時還可直接水洗根部。杜鵑花類本來就很耐乾燥，不過在根部尚未伸展前，還是要避免過度乾燥。如果沒有自信把土團的土清乾淨，可於盆底放入稍微多一些的大顆粗粒底土，接著再以和土團一樣乾鬆的黑土混合各20％的鹿沼土與腐葉土作成用土來種植苗木。

苗木扎根後伸展出來的枝條則須在隔年落葉後的1～2月切掉，並於2月及8月下旬～9月上旬施予少量油粕即可。

吊鐘花盆植法

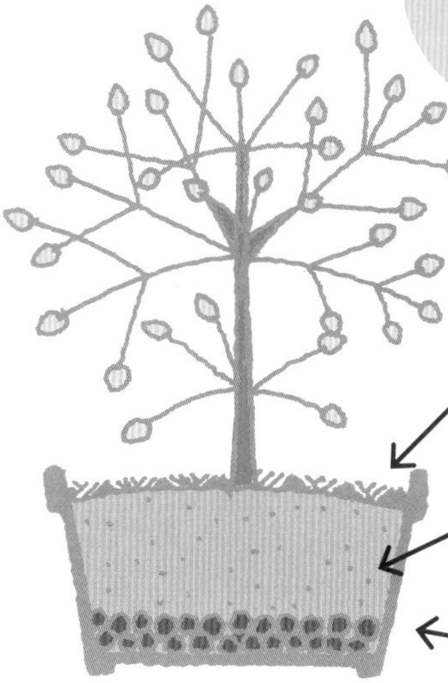
覆蓋沾水的水苔。
小顆粒赤玉土：3
小顆粒鹿沼土：5
泥炭土：2
中～大顆粒赤玉土

吊鐘花非常耐修剪，是相當受歡迎的樹籬種類。

●吊鐘花種植計畫

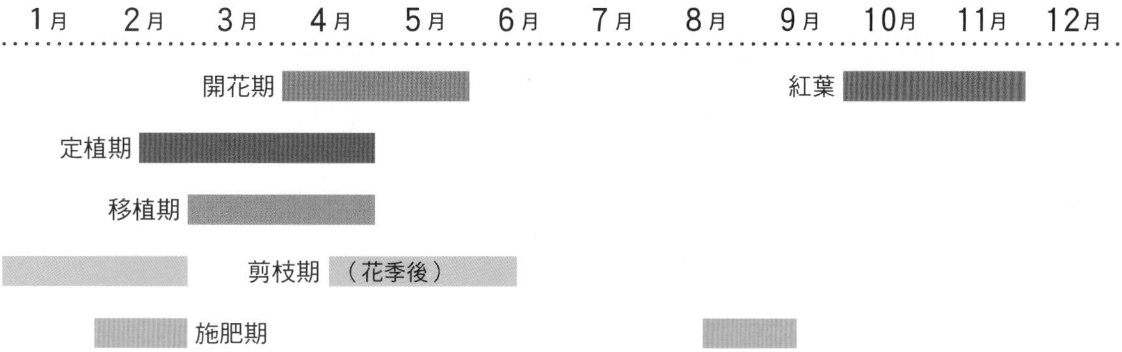
1月
2月
3月
4月
5月
6月
7月
8月
9月
10月
11月
12月
開花期
紅葉
定植期
移植期
剪枝期
（花季後）
施肥期

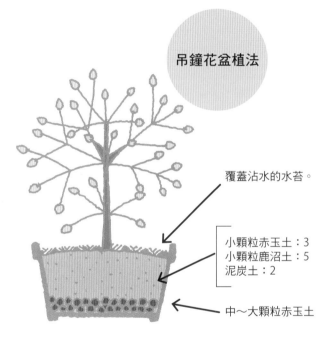

看起來病懨懨！

Q 紅葉石楠出現斑點？

A 自4月起開始施灑藥劑預防。

紅葉石楠最常見的疾病就是褐斑病。褐斑病最先會在葉子出現圓形的褐色斑點，愈趨嚴重時就會落葉，使生長情況惡化，是絲狀真菌所引起的疾病。其實褐斑病存在已久，尤其是40多年前開始出現在「紅羅賓」品種的褐斑病，變得對農藥相當有抗藥性。

其實就跟流感病毒會不斷變種，開始出現抗藥性一樣，褐斑病也會有變化，導致既有的殺菌劑效果不彰。就算是對變種疾病有效的殺菌劑，農藥業者也不可能立刻投入新農藥的開發，因為開發新農藥不僅時間冗長、經費也相當可觀。所以一般還是會繼續使用既有的殺菌劑，像是施用免賴得水和劑（Benlate Benomyl）、達克靈1000、甲基多保淨溶膠劑（Topsin-M）、蓋普丹水和劑80、甲基多保淨噴劑等。

常會被直接稱作紅葉石楠的品種「紅羅賓」（Photinia × fraseri 'Red Robin'）有著美麗的紅色嫩葉。

春天會開出小白花，但並不醒目。

Point! 也可以考慮替換樹籬的樹種

褐斑病會在4～6月散布孢子，從葉片氣孔入侵植物。潛伏期長達1個月，所以等到出現症狀再因應的話就會為時已晚。建議病原菌開始飛散的4月起到7月為止，每2週就要仔細施灑藥劑。

若施灑藥劑後卻感覺不到成效，且定期施藥會有負擔的話，其實也可以考慮乾脆將樹籬換成其他樹種。像是豆科的繖房決明、黃槐、朱槿都相當耐修剪，病蟲害也不多，還能欣賞到花朵，所以乾脆直接換掉紅葉石楠會是另一種選擇。讓紅葉石楠樹籬恢復原狀的機率可說微乎其微，而且不能只針對一戶處理病原菌，必須從整個區域下手進行防治。

將「紅羅賓」修剪成圓弧狀，作為庭院點綴，亦趣味盎然。

「紅羅賓」的生長旺盛，枝條伸展快速，是很受歡迎的樹籬品種。但也因生長速度快的關係，必須經常修剪截短。

●紅葉石楠種植計畫

項目	1月	2月	3月	4月	5月	6月	7月	8月	9月	10月	11月	12月
開花期				■	■							
賞葉期	■	■	■	■	■	■	■	■	■	■	■	■
定植期				■	■	■						
移植期				■	■							
剪枝期				■	■	■	■	■	■	■	■	■
施肥期（1～2月及修剪截短後立刻進行）	■	■										

看起來病懨懨！

Q 光蠟樹的葉子變黃掉落？

A 不妨移植到土質優良的地點。

光蠟樹與西式或日式庭院都非常相搭，能欣賞清新葉片，近年算是相當有人氣的樹種。原產自琉球諸島，只要是溫暖地區基本上能一年四季常綠，因此常被種在庭院。光蠟樹的葉片較細且帶光澤，這也是為何如此受歡迎的理由之一。葉子為羽狀複葉，飽滿有分量，單種1棵雖然也能達到觀賞用途，但取3株細苗整理成分蘗狀看起來會更美觀。

光蠟樹樹勢強勁，卻也是很容易出現「太會長，很困擾」的問題樹種。光蠟樹本質強健，不太講究土質，但如果發現葉子變黃掉落，或是上面的葉子沒光澤，就很有可能是庭院土質太糟所造成。一旦土質不佳，即便下方的枝條看似健康，上面枝條卻會病懨懨的。

光蠟樹朝上擴展開來的整齊樹形。優美的樹葉帶有羽狀小葉，佈滿整個樹幹。

會長出成串的果實。長3cm左右的狹長翅果會在10月時慢慢成熟變白。

Point!

移植的同時，要剪枝讓樹木歸零

遇到這種情況時，不妨乾脆在4月下旬～6月中旬期間，把樹木移植到土壤狀態較好的地點。截掉超過2m高的枝條，去除所有樹葉，將樹木修剪成棒狀再移植。挖一個較大的植穴，取優質培養土充分混合腐葉土或雞糞後予以定植。光蠟樹的樹勢強勁，只要土質良好就會不斷伸長，茂盛到甚至讓人感到困擾，若想抑制樹高的話，也會建議各位移植。

另外，還要仔細調查落葉處附近的枝幹，若發現有害蟲侵蝕的痕跡或孔洞，就要將其切除，讓健康枝條重新長出。各位也要有個觀念，那就是光蠟樹本身就會比較高大。

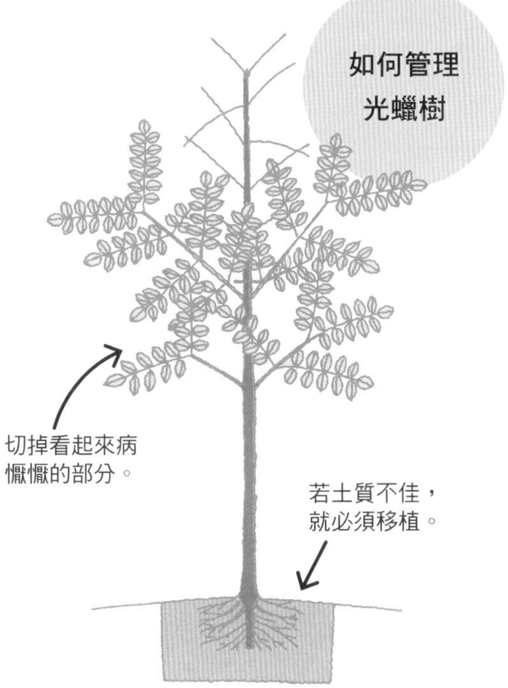
如何管理
光蠟樹
切掉看起來病懨懨的部分。
若土質不佳，就必須移植。

光蠟樹花朵。白色小花與綠葉形成對比。

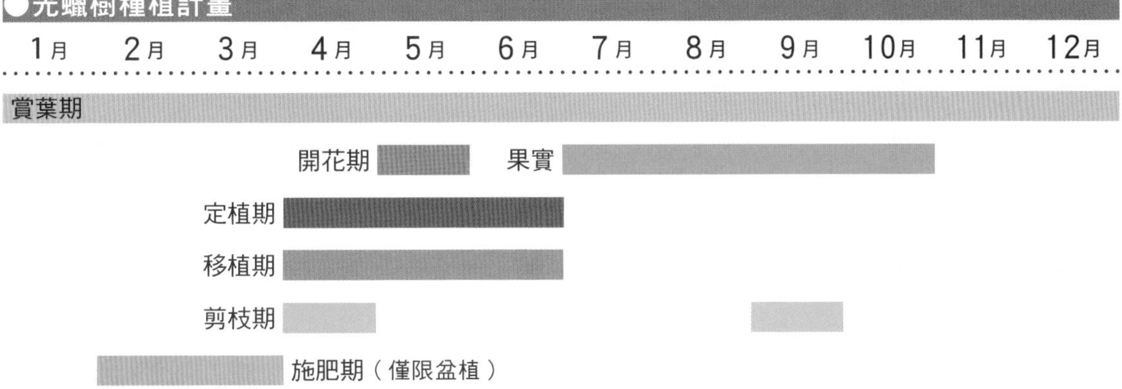
●光蠟樹種植計畫
1月 2月 3月 4月 5月 6月 7月 8月 9月 10月 11月 12月
賞葉期
開花期
果實
定植期
移植期
剪枝期
施肥期（僅限盆植）

看起來病懨懨！

Q 安娜貝爾繡球花的枝條折損，花朵下垂？

A 盡量壓低樹高，植株才會穩健。

安娜貝爾繡球花原產自美國，新伸展出的枝條末端會開出由許多小花集結成如大球般的花朵。花序雖然龐大，枝條卻相當纖細，一旦被雨水打到，花梗處就會下垂。這是安娜貝爾繡球花具備的特性，無法百分之百杜絕，但只要針對下述注意事項加以管理，還是能有一定的改善成效。

以日本產的繡球花來說，今年伸長出枝條後，較上方的嫩芽會花芽分化，隔年這些芽又會長出新枝條，並在枝梢開出花朵。不過，安娜貝爾卻和日本產繡球花不太一樣，只會在今年伸長的枝條末端開花，所以就算在冬天～早春期間剪枝，植株本身也不會出現太明顯的反應。剪枝的時候，只須貼著地面切齊所有枝條，與日本產繡球花相比，絕對是種植難度非常低的植物。

喬木繡球「安娜貝爾」的花苞為綠色，綻開後會變白色，且分蘗長大。

也可以用市售支柱輔助支撐，避免花梗下垂。

Point!

冬天寒冷的地區須用落葉或稻稈防寒

要避免安娜貝爾繡球花的枝條折損，首先必須盡量壓低樹高。12月～3月上旬雖然會貼著地面切掉枝條，但針對冬季嚴寒的日本東北地區，建議3月下旬之前要在植株基部鋪蓋厚厚一層落葉或稻稈，為樹木做好禦寒準備。這樣才能每年都讓新枝條順利開花。

另外，土壤的氮含量過高會使枝條疲弱，建議2月時混合等比的油渣和骨粉，並施撒在植株基部，才能長出紮實穩健的枝條。

另一個關鍵則是必須種在排水佳、日照好的地點，才能培育出健康枝條。只要遵循上述的方法培育出穩健枝條，就能大幅改善花朵下垂問題，視覺上也會更賞心悅目。

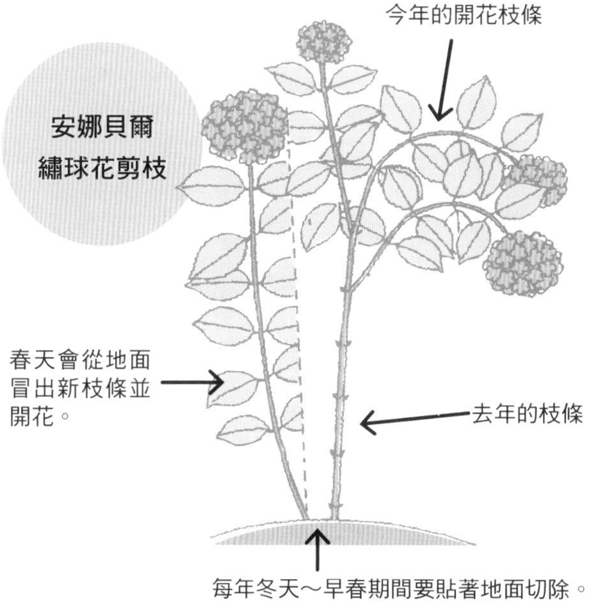
安娜貝爾
繡球花剪枝
今年的開花枝條
春天會從地面
冒出新枝條並
開花。
去年的枝條
每年冬天～早春期間要貼著地面切除。

「NCHA2」是粉紅色的安娜貝爾繡球花改良品種，高度約1m，適合盆植，經改良後花朵為鮮豔的深粉色。於花朵下方修剪掉枝條後，會再重新開出花朵。

●喬木繡球花種植計畫

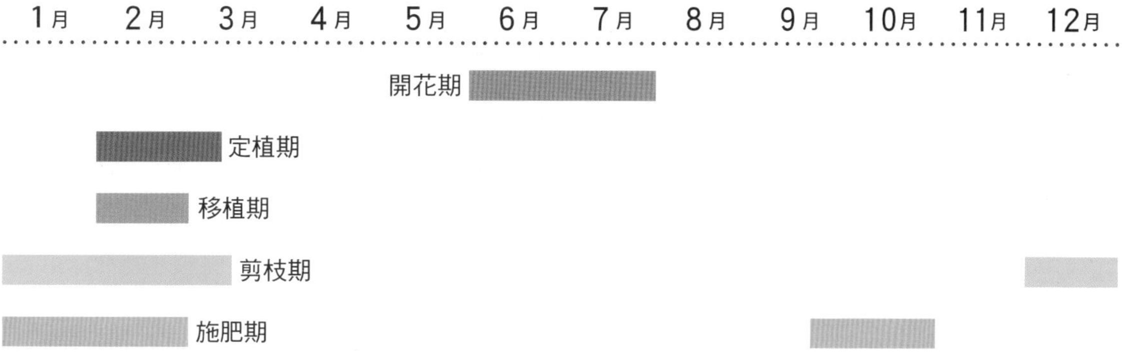
1月
2月
3月
4月
5月
6月
7月
8月
9月
10月
11月
12月
開花期
定植期
移植期
剪枝期
施肥期

看起來病懨懨！

Q 假黃楊的樹籬有慢慢枯萎的情況？

A 要先釐清究竟是罹病？還是有蟲害？

假黃楊是冬青科常綠樹，也是經常被作為樹籬的人氣樹種。本身的樹勢強勁，也非常耐修剪截短，身為庭院配角的同時，也是庭院樹木中的資優生。這裡的假黃楊加上紅羅賓石楠，以及落葉樹的吊鐘花組合極為常見，甚至稱得上是樹籬標配呢。

若發現假黃楊樹籬有慢慢枯萎的情況，就必須仔細觀察是怎麼樣的枯萎法。是許多枝條中的小部分範圍？比較靠近植株下方？還是上方？還是一整排的假黃楊裡只有1棵完全枯萎？枯萎的情況不盡相同。

假黃楊不太有病蟲害，也很少因為病蟲害導致枝條枯萎。強剪可能會引發紋羽病，這時就會使整棵樹木枯萎。如果是枝條1～2根慢慢枯萎，可切下枯枝或開始枯萎的枝條，仔細觀察切面，接著縱向扒開，確認裡頭有無長度不超過1㎝的幼蟲。若發現幼蟲，就要將枝條燒毀，並施予能滲透到樹木各個部位的殺蟲劑（歐殺松水和劑等）。

假黃楊也能修剪成圓形造型。

Point!

每年施肥1次，噴灑殺蟲殺菌劑2次

光說假黃楊「慢慢枯萎」其實無法掌握症狀及詳細情況，所以很難給予確切答案。但如果是只有部分枝條枯萎，可以取較大範圍的長度將枯枝切除，問題也有可能出在根部，這時建議在植株基部盡量大範圍施肥，為根部賦予活力。若是1棵假黃楊枯萎，拔除該樹的同時，更要大範圍挖除土壤，填入新土，重新種植差不多大小的假黃楊。

樹籬的環境不見得都會很好，這時會建議每年在1～2月期間施肥1次（以油粕5：顆粒化肥5的比例調配），並且於5月中旬～9月期間，噴灑2次殺蟲殺菌劑。

漂亮茂密，延伸一整片綠的假黃楊樹籬。

剛修剪完，相當漂亮的假黃楊樹籬。

●假黃楊種植計畫

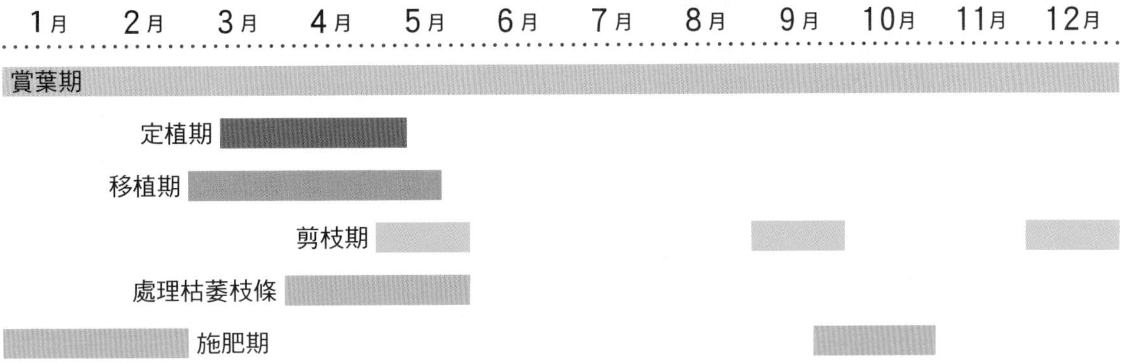
1月
2月
3月
4月
5月
6月
7月
8月
9月
10月
11月
12月
賞葉期
定植期
移植期
剪枝期
處理枯萎枝條
施肥期

Q 三葉杜鵑生長情況不佳？

A 重新審視環境，移植到日照排水佳的地點。

落葉闊葉樹的三葉杜鵑因為有著帶弧度的菱形葉片，再加上細枝條末端一定會有3片葉子而得名。細枝末端展葉前會先開出紅帶紫的花朵，預告春天的來臨。三葉杜鵑的分布範圍從日本東北地區到近畿地區，是廣泛原生於本州的灌木～大灌木樹種，但其實關東地區市面上較常見的是土佐三葉杜鵑。與三葉杜鵑差別在於雄蕊數為5瓣（三葉杜鵑）或10瓣（土佐三葉杜鵑），不過銷售時名稱皆為「三葉杜鵑」，並不會刻意區分。

東國三葉杜鵑常見於關東山區，因而得名東國。

針對標題提到「三葉杜鵑生長情況不佳」，可能要先了解是種在哪裡。照理說應該都是種在庭院裡，這時必須確認是什麼類型的土壤。如果是關東地區的平原，基本上就會是火山灰堆積後形成的關東壤土，這種土壤排水性很好，大多數的植物都能順利生長。即便同為關東地區平原，若是二次戰後將水田填平規畫成的住宅區，庭院多半是黏土或砂礫土壤，那麼就不適合栽培杜鵑花類。

如果植株在目前位置的生長情況不佳，就有可能是土壤不適合，這時會建議移植。三葉杜鵑樹高不超過1.5m的話，可以考慮自行移植，不用委託植樹業者。

Point!

堆放出較高且排水佳的用土

各位必須先記住，杜鵑花類不耐過度潮濕的環境，所以請挑選日照佳的地點，定植時還要確保排水性。若要改善排水性，可以3：5：2的比例，混合小～中顆粒赤玉土、鹿沼土、未調整酸度的粗粒泥炭土作為用土。建議將植株種植在40～50cm高的位置，這時可直接將土壤堆成較高的高度，也可以用鵝卵石或混凝土塊圍繞出1～1.5m的方形作為種植區域。等2～3月開完花後再移植會比較合適。

早春之際，三葉杜鵑綻放於山頭的優美模樣。花季後會展葉。

如何種植三葉杜鵑

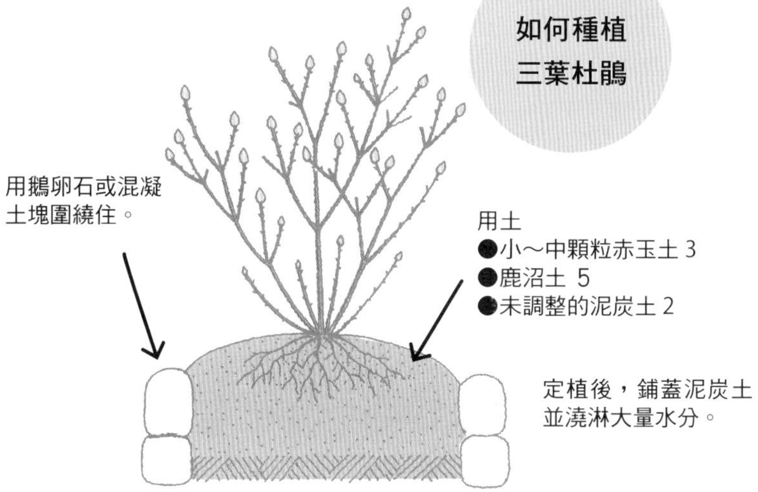
用鵝卵石或混凝土塊圍繞住。
用土
●小～中顆粒赤玉土 3
●鹿沼土 5
●未調整的泥炭土 2
定植後，鋪蓋泥炭土並澆淋大量水分。

●三葉杜鵑種植計畫

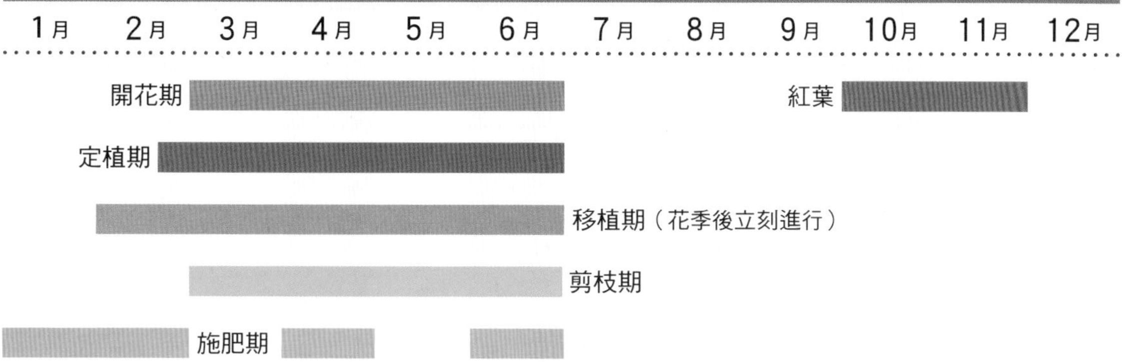
1月
2月
3月
4月
5月
6月
7月
8月
9月
10月
11月
12月
開花期
紅葉
定植期
移植期（花季後立刻進行）
剪枝期
施肥期

看起來病懨懨！

Q 樟樹的灰色病斑怎樣才能治好？

A 可能是罹患炭疽病，必須噴灑藥劑，或切除葉片。

樟樹最容易罹患的疾病之一就是炭疽病。葉子與枝條會出現類似橢圓形，顏色介於灰褐色～黑褐色的病斑，發病的部分會枯萎。病原菌會隨著風雨或害蟲的吸汁行為入侵植物內部，若是害蟲造成較容易用目視確認，能針對被害範圍噴灑殺蟲劑驅除。不過，炭疽病出現症狀之前會潛伏在植物體內至少1個月，等到疾病開始擴散，人們發現有症狀後才會噴灑殺菌劑。

大家熟悉的卡通角色「龍貓」就是住在樟樹裡。有時樹高還能超過 10m，相當龐大。

遇到這種情況時，我們會針對已經發病的部分集中噴灑藥劑，但外表看似健全的枝葉說不定也早已附著病原菌，正處於潛伏期，所以炭疽病最駭人之處，就是難以目視確認。

對炭疽病最有效的藥劑為免賴得水和劑，噴灑時間點為①發生初期、②梅雨季前後、③發生末期，也就是3月下旬～4月上旬、6月下旬或8月上旬，以及9月中旬～10月上旬，可用強力電動噴霧劑徹底噴附樹木的每個角落，尤其是葉背須特別加強，大量噴灑。炭疽病無法1年就治癒，必須花個2～3年有耐心地處置，當然也可以委託專業的園藝造景業者。種植樟樹的選定地點和理由或許不盡相同，但各位一定要有個覺悟，那就是治癒炭疽病需要花費相當的經費和時間。

Point!

也可以在春天剪掉所有的小枝條與葉片

還有另一個方法，就是在3月下旬～4月上旬徹底剪掉所有容易發病的葉片與小枝條，讓樟樹只剩樹幹，等到4～5月待新枝條長出，而這種下猛藥的方式卻也是最簡單的治療法。切掉的枝條不可留在庭院，必須以塑膠袋裝好並燒毀。另外，粗枝條的切口還要塗抹甲基多保淨（Topsin-M）膏劑作保護，6～7月則須噴灑2次免賴得水和劑，噴灑期要間隔10天左右，針對葉背須加強噴灑，才會有好成效。

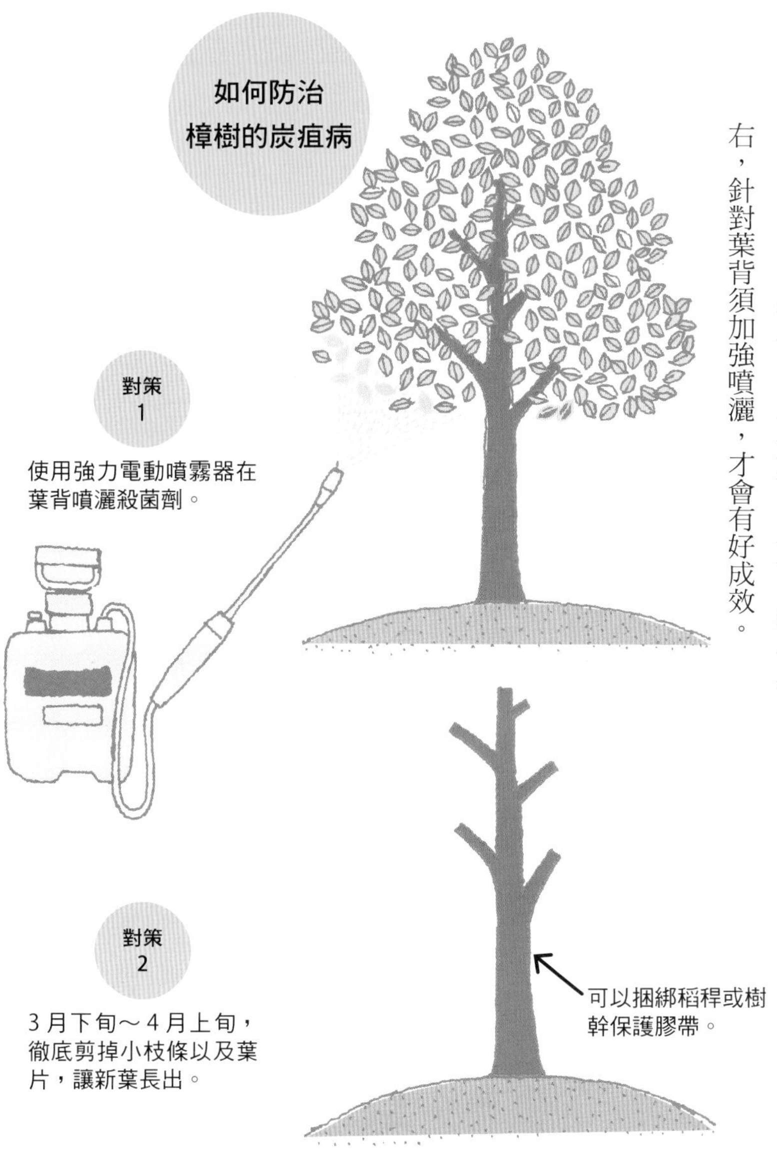
如何防治
樟樹的炭疽病
對策
1
使用強力電動噴霧器在葉背噴灑殺菌劑。
對策
2
3月下旬～4月上旬，徹底剪掉小枝條以及葉片，讓新葉長出。
可以捆綁稻稈或樹幹保護膠帶。

●樟樹種植計畫

	1月	2月	3月	4月	5月	6月	7月	8月	9月	10月	11月	12月
開花期					■	■						
定植期				■	■	■						
移植期			■	■	■							
剪枝期			■	■								
幼苗											■	

不需要施肥

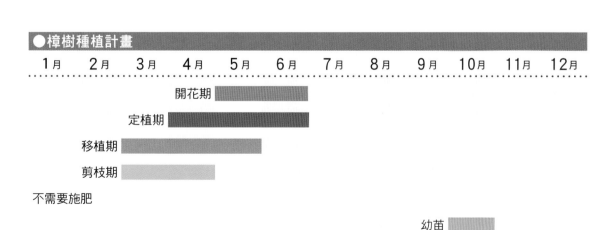

結不出果實！

Q 怎樣才能促進藍莓結果？

A 不能只種一棵，要種多個品種讓植株授粉。

藍莓是杜鵑花科越橘屬的灌木小果樹。本質穩健，容易栽種，無論是狹窄地點、盆栽還是保麗龍箱都能種植，再加上沒什麼嚴重病蟲害，所以取代了30～40年前掀起熱潮的奇異果，成為日本家庭最常種植的果樹。

不過，我們卻能經常耳聞，藍莓很會開花，卻不太結果。這時必須先仔細觀察花朵。藍莓的花朵為壺形，前端處會稍微內縮。雌蕊和雄蕊基本上都會被壺形花朵包覆住，所以很難像其他多數的花朵，一眼就看出究竟是雌蕊還是雄蕊。再加上壺形花朵多半朝下綻開，以結構來說，隨風飄來的花粉很難順利附著。不只如此，藍莓還有一個特性，那就是同一朵花裡的雄蕊花粉就算授粉給緊鄰的雌蕊也無法結果。

所以會建議盡量將3～4種不同品種的藍莓樹相鄰種植，以促進結果。另外，還可在植株周圍種些花期和藍莓樹相近的花草或花木，這樣將能吸引大量昆蟲。

藍莓可分成多個品系，如高叢藍莓（highbush）、兔眼藍莓（rabbiteye）。高叢藍莓的果實大又美味，但需要調整土壤酸度。兔眼藍莓不太講究土質，容易種植，但較不耐寒，須種在溫暖地區。藍莓的新品種培育盛行，甚至有些只要種單棵就能結果，但比起只種一棵，同時種植至少兩個品種以上的藍莓才能大量結果。有些品種四季都能開花，所以一年可以收成好幾次。

藍莓果實。完全成熟的甜美果實會讓人想立刻摘來品嘗。

「Blue muffin」是四季都能開花，一年至少能收成 2 次的品種。

吊鐘形的白花相當可愛，長度約 5 ～ 10 ㎜，看起來很像吊鐘花。

盆植也能長大。

Point!

想要確保結果，就必須人工授粉

藍莓人工授粉的成效非常好。各位可以用「棉花棒」，沾取相鄰的其他品種花粉，輕輕碰觸花朵中間，並交替進行此步驟。若種植3、4品種時，不要採用1配2、3配4的交配方式，必須隨機排序，像是1→2→4→3→1→4來進行。

種植多個品種，必須要幫大量的小花授粉，雖然會花點時間，但還是建議各位嘗試人工授粉。

藍莓的人工授粉

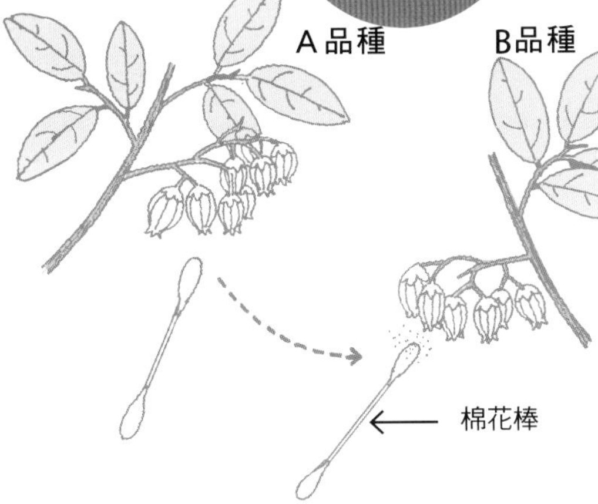

藍莓樹到了秋天葉子變紅，也很美麗。

●藍莓種植計畫

	1月	2月	3月	4月	5月	6月	7月	8月	9月	10月	11月	12月
果實							●	●	●			
紅葉										●	●	
開花期					●	●	●					
定植期		●	●									
移植期		●										
剪枝期	●	●										
施肥期		●	●							●		

結不出果實！

Q 怎樣才能避免柿子或梅子落果？

A 柿子要注意有無生理障礙或柿舉肢蛾，梅子則須慎選品種。

正常來說，柿子樹很會結果（但像是「富有柿」、「次郎柿」這些品種只有雌花結果，雄花不結果，所以必須穿插種植在花粉較多的品種間），但生長過程中，果實掉落的情況也不在少數，而落果的原因有2種。

首先是6月下旬果實連同蒂頭一起脫落的情況，這是因為果實量太多所導致的「生理落果」。這類落果很難預防，但可以趁掉落前先摘果。視枝條長度，保留1～2顆形狀美，蒂頭大的柿子，並將其他果實摘除。

另一種則會發生在收成前1個月。這種落果是因柿舉肢蛾所引起，幼蟲會從果實與蒂頭間鑽入，使蒂頭留在枝條上，僅變橘色的果實掉落。6月中旬～下旬以及7月下旬～8月上旬要分別以稀釋1000倍的撲滅松藥劑集中噴灑果實蒂頭處，以驅除幼蟲。

到了秋天就會變色的柿子果實。

柿子的花朵小又樸實，絲毫不醒目。

上）初夏尚未完全成熟的梅子果實，又稱作青梅。
下）變熟的梅子果實。

梅樹品種「月宮殿」。這是為賞花所培育的花梅品種，不會結果。

早春開滿枝頭的
紅梅花。

Point!

想要摘果，就要種植果梅

梅子可分成專門收成果實的「果梅」以及觀賞花朵為主要目的的「花梅」。花梅基本上不會結果，就算結了果，也會在小指尖這般大的時候脫落。至於「果梅」的部分，有些品種無法自花授粉，若不找其他品種來授粉的話，長出的果實會很小，導致結果情況不佳，甚至會在生長過程中掉落。

若發現梅子樹每年都會落果，結果情況不佳，就必須思考是否為「花梅」品種，就算確認是果梅，也有可能是必須利用其他品種才有辦法授粉的品種。想要梅子樹順利結果的話，建議挑選自花就能授粉的「豐後」、「梅鄉」、「小粒南高」等品種。

另外，一旦出現蚜蟲就會導致葉片萎縮，果實也無法長大，因此掉落。所以必須仔細觀察枝條，確認有無蚜蟲，若發現蚜蟲，則須在冬天噴灑馬拉松或撲滅松乳劑加以驅除。

小巧可愛的果實可作為觀賞用四川常磐柿，也可以盆栽種植。

預防柿舉肢蛾的危害

於蒂頭處噴灑稀釋1000倍的撲滅松。

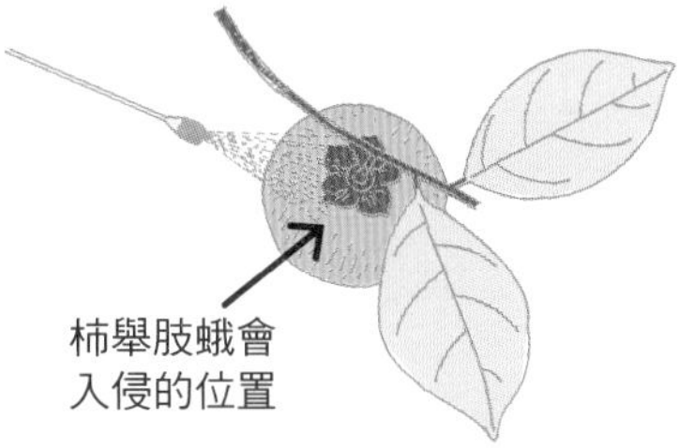

柿舉肢蛾會入侵的位置

●梅子種植計畫

	1月	2月	3月	4月	5月	6月	7月	8月	9月	10月	11月	12月
果實						●	●					
紅葉										●	●	
開花期			●	●								
定植期	●	●										●
移植期	●	●										●
剪枝期	●	●										
施肥期	●	●								●		

●柿子種植計畫　＊開花和結果之外的時間都與梅子相同

	1月	2月	3月	4月	5月	6月	7月	8月	9月	10月	11月	12月
開花期					●							
果實									●	●	●	

結不出果實！

Q 怎樣才能讓紫珠結果？

A 重新審視日照、土壤等栽培環境。

以紫珠的同類植物來說，常見於庭院的共4種，包含了樹高可達2～3m的日本紫珠、果實稍大的變種朝鮮紫珠、會從地面冒出彎曲枝條並結出纍纍漂亮果實的白棠子樹，以及會結出白色果實的白果紫珠。秋天販售的盆植樹苗基本上都是白棠子樹和白果紫珠。那麼，問題中所指的紫珠是指何者呢？

紫珠遍布範圍廣泛，是常見於日本北海道南部至四國、九州、沖繩落葉樹林邊界的落葉灌木，會叢生細枝，植株體型龐大，算是很難維持集中漂亮樹形的樹種。今年伸長蓄飽活力的短枝條會在隔年萌芽，並於新梢的葉腋（葉子基部的內側）長出大量淡紅色小花，結果之後，果實會在入秋時開始成熟，紅色也會跟著變深，就算落葉了，還會保有美麗的枝條。

白棠子樹的果實為直徑3㎜的球形，會聚集生長在葉腋上。

白棠子樹的樹形。高度低又集中，呈分櫱狀。圖為初夏花朵正綻開的時候。

白棠子樹會在初夏開始時開花，而花季會橫跨整個夏天。

日本紫珠的果實比白棠子樹的大，生長密度不會太集中。

Point!

剪枝時，稍作疏剪或截短即可

紫珠的枝條細密叢生，剪枝時，很難一枝枝決定要留還是要剪，所以會建議果實尚未長出的2～3月上旬稍作疏剪或截短。結不出果就代表沒開花，導致沒開花的原因大概只會有2種，分別是種植環境太過陰涼或土質貧瘠。

觀察山野或自然公園的紫珠就會發現，基本上都會有多棵紫珠生長在一起。紫珠雖然不是雌雄異株，但他花授粉似乎更有助結果。不過，先決條件還是要讓植株開花，所以整頓好生長環境，確保日照與土壤還是最重要的環節。

若想種在庭園欣賞，會推薦非常好種的白棠子樹或白果紫珠。就算在冬天將植株貼地割除，這兩個品種還是長出新梢，開花結果。即便放任好幾年，不斷變長的枝條還是會大幅彎曲，維持在1～2m的高度。

紫珠類植物剪枝

【白棠子樹】

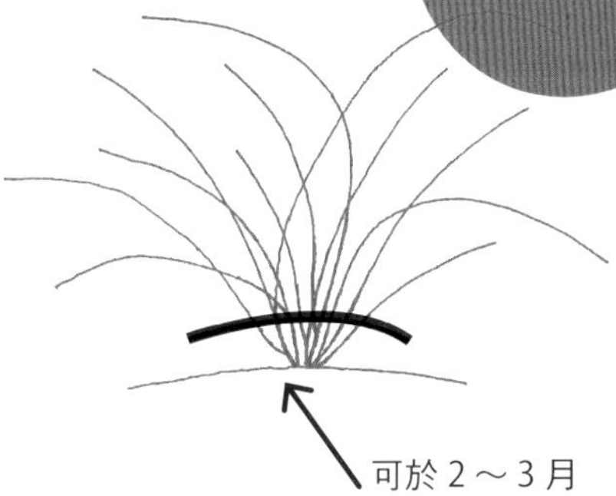

可於2～3月上旬修剪。

【日本紫珠】

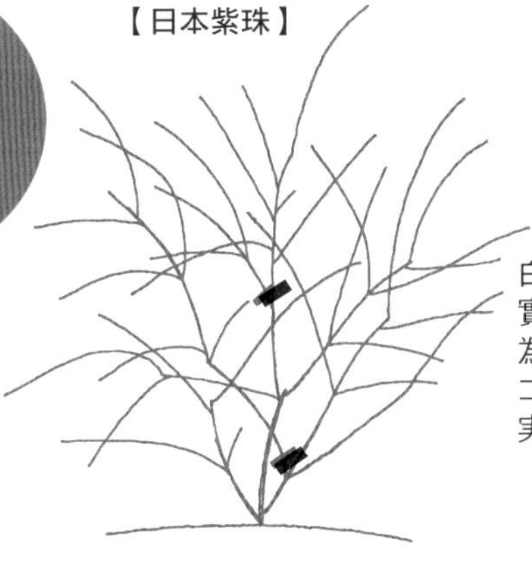

一鼓作氣修剪掉所有大枝條。

白果紫珠的果實，日文又名為「シロミノコシキブ」（白実の小紫）。

●紫珠種植計畫

	1月	2月	3月	4月	5月	6月	7月	8月	9月	10月	11月	12月
開花期						■	■					
果實	■									■	■	■
定植期		■	■									
移植期		■	■									
剪枝期	■	■	■									
施肥期	■	■	■						■			

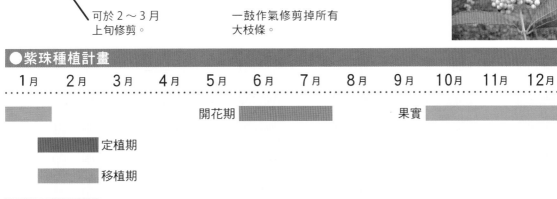

結不出果實！

Q 怎樣才能讓赤楊葉梨結果？

A 細心呵護直到開花結果。

赤楊葉梨是薔薇科赤陽葉梨屬的落葉闊葉樹，枝梢到了秋天會結出如紅豆般的果實，成熟會變淡紅色，所以日文名叫「アズキナシ」（譯註：アズキ即是紅豆）。其實在過去，很少看見以赤楊葉梨作為綠化樹，但近期可能受到崇尚自然風氣的影響，無論是綠化樹還是庭木，都經常可見赤楊葉梨的身影。

原生於山中的赤楊葉梨樹高可超過10m，但種在庭院的赤楊葉梨多半不會長那麼高。再者，市面上可見的赤楊葉梨並非主流樹種，樹幹多半偏細，猜測應該是使用了以種子培育成的實生苗來栽種。若實生苗的樹幹無法生長變粗，就很難開花結果，不過實際上仍會有個體差異。就我所知，只要赤楊葉梨的樹高有1.8m，樹木基部的直徑有4～5㎝的話，還是能結出稀疏的果實。

赤楊葉梨的果實與枝幹。葉子到了秋天會從黃變橘，相當賞心悅目。

赤楊葉梨的果實為直徑７～８㎜的球形，會長在枝條末端，深橘色調充滿風情。

實生苗會有個體差異，開花所需的時間也不同

Point!

實生苗的個體差異頗大，最好是能取得以結果情況佳的赤楊葉梨所培育成的嫁接苗木，但生產嫁接苗木的業者不多，算是很難取得的樹種。以四照花這類花朵又大又美，普遍性相當高的花木來說，只要出現花形及花色優異的實生苗就會被立刻用來嫁接，讓數量不斷增加，等到增至1000株後再來販售。反觀，實生苗的產品大約僅占整體1／500～1／1000。就算是在同一塊田，以一樣的方式栽培管理，同批株苗的開花期、花形與花色仍可能會不盡相同，但基本上只要達到一定年數，就會開花結果。

總而言之，赤楊葉梨定植個幾年後應該就會開花，請各位有耐心地呵護栽培。

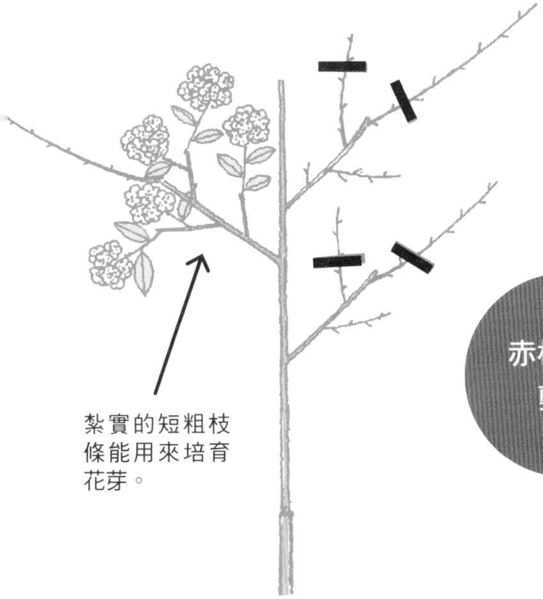
紮實的短粗枝條能用來培育花芽。
赤楊葉梨
剪枝

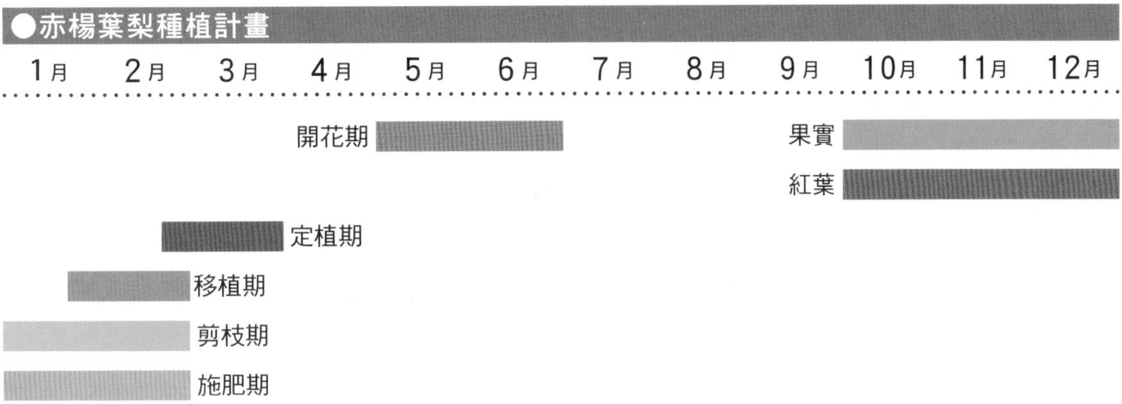
●赤楊葉梨種植計畫
1月
2月
3月
4月
5月
6月
7月
8月
9月
10月
11月
12月
開花期
果實
紅葉
定植期
移植期
剪枝期
施肥期

結不出果實！

Q 櫻桃不結果？

A 建議選擇中國櫻桃這類好種的酸櫻桃。

櫻桃分布在美國、加拿大、歐洲、中亞、中國等地，範圍相當廣泛，野生種櫻桃約20種，可分成「酸櫻桃」與「甜櫻桃」。被廣為栽培的甜櫻桃又名西洋甜櫻桃，有著許多園藝品種，如「佐藤錦」、「拿破崙」，是冷涼地區初夏季節相當受歡迎的果物。另外，植株雖小，卻能大量開花結果的酸櫻桃包含了中國原產的中國櫻桃（日文又名「唐実桜」）、白花中國櫻桃（日文又名「白花唐実桜」、「シナミザクラ」），但在日本皆歸類於「中國櫻桃」裡。

中國櫻桃果實，又名暖地櫻桃。

中國櫻桃容易種植在庭院，只要植株充分生長，每年都能收成大量果實。

Point!

甜櫻桃種植在肥沃土地將不易結果

日本栽培的甜櫻桃苗木是以「真櫻」作為砧木培育而成。如果是選擇甜櫻桃品種，但定植了5～6年以上卻還不見花開，就必須懷疑嫁接的苗木可能已經枯萎，長出來的其實是砧木芽。這時必須確認枝條從哪個位置長出。另外，如果土壤太過肥沃，就算種個5～6年也可能只長枝條，不結果實。遇到這種情況時，不妨切掉櫻桃樹的粗根，抑制生長。另外，甜櫻桃的自花授粉多半無法結果，只種單棵時就算真能開花，也很難結果。

反觀，酸櫻桃的「中國櫻桃」正如「暖地櫻桃」的稱號，在溫暖地區也能順利生長，單棵就能開花結果，雖然果實偏小，但以種植難易度來看，會更推薦此品種。5月左右，大型園藝中心或居家修繕中心的園藝區會銷售種在5～6號盆，高約60～80cm開滿花朵的苗木，只要買回來植入庭院，每年就能期待櫻桃收成囉。

切掉甜櫻桃的粗根，抑制植株生長

定植5～6年後若不開花，就要截短3～4條粗根。

櫻桃品種中，人氣最旺的甜櫻桃佐藤錦，果實大又甜。

●櫻桃種植計畫

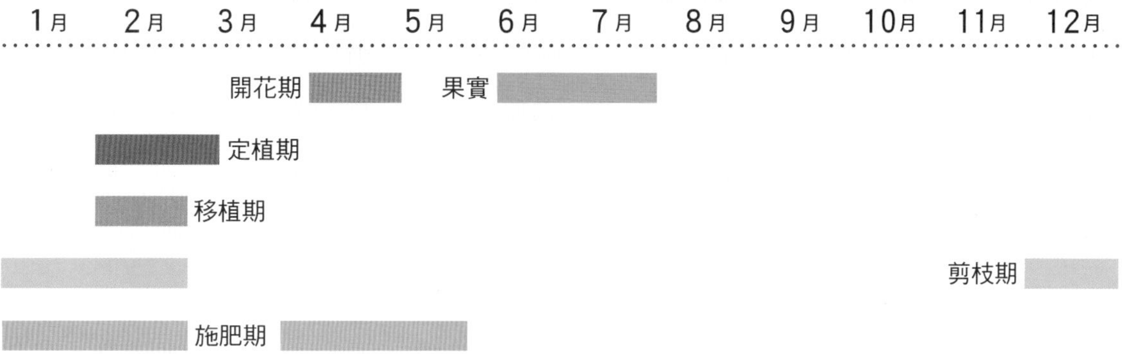
1月
2月
3月
4月
5月
6月
7月
8月
9月
10月
11月
12月
開花期
果實
定植期
移植期
剪枝期
施肥期

結不出果實！

Q 哪些南天竹屬植物比較會結果？

A 推薦南天竹、笹葉南天、支那南天。

南天竹日文發音與「難轉」（轉變困難災厄）相似，自古就被認為有好兆頭，因此可見於庭院。成熟的紅白果實也可見於插花，是帶有吉祥之意的植物。南天竹的起源有幾種說法，一是原產自中國，也有人說是原生於西日本的溫暖地區，另有自古傳入後就野生化的說法。但無論如何，南天竹是非常健壯、好種植，融入你我生活已久的植物。

南天竹又可細分成幾個種類與品種。一般常見的品種花序大，容易結果，會長出許多下垂果實。果實為黃白色的白果南天竹也是很會結果的品種。支那南天的花序小，果實不會像南天竹一樣下垂，會筆直豎立，所以很好運用在插花上，多半會栽培作為切花使用。葉柄較短，葉片集中在樹幹末端的笹葉南天也很會結果，亦是推薦品種。

筏南天（イカダナンテン）和白果筏南天（シロミイカダナンテン）取得難度雖然較高，但它們的葉柄會2、3枝緊密相疊，看起來就跟名稱裡的「筏」一樣，算是相當珍稀的品種。另外還有帶斑紋的瀧之川南天、能盆植欣賞葉片的錦系南天等品種。

為數稀少會在冬天結果的樹木中，南天竹經常出現於你我的身旁。

南天竹會在梅雨季節開出穗狀白花。

Point!

想要促進結果，就要種在日照與排水良好的土壤

南天竹的樹勢強勁，就算是半日照環境或較貧瘠的土壤都能種活，如果要講究結果量的話，就要挑選一般南天竹、支那南天、笹葉南天等容易結果的品種。只要日照好、排水佳的肥沃土壤，生長情況當然也會更好。肥料部分則要控制氮肥量，多給予磷肥與鉀肥。另外，把不同品種的南天相鄰種植的話，促進結果的效果會更顯著。

南天竹「Twilight」為小型，帶白色散斑的品種。

葉子變紅的御多福南天，可盆植或直接覆地栽培。

很會結果的葉南天。

南天竹剪枝

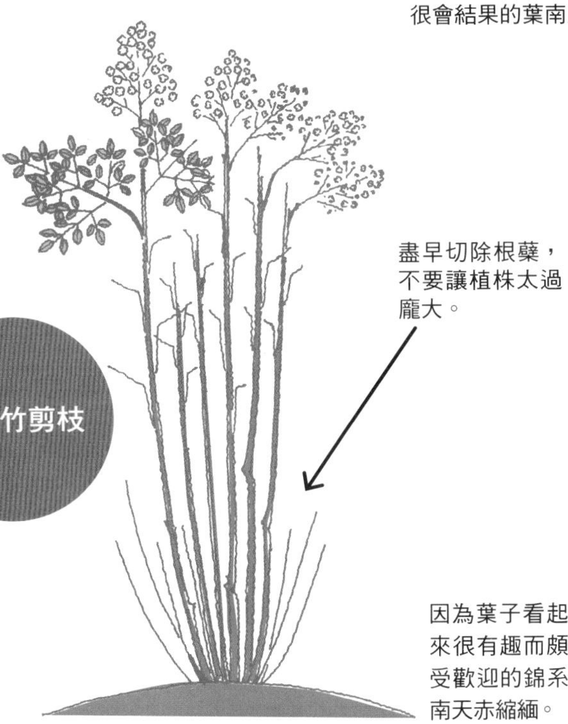
盡早切除根蘗，
不要讓植株太過
龐大。

因為葉子看起來很有趣而頗受歡迎的錦系南天赤縮緬。

葉子帶有漂亮斑紋的瀧之川南天。

●南天竹種植計畫

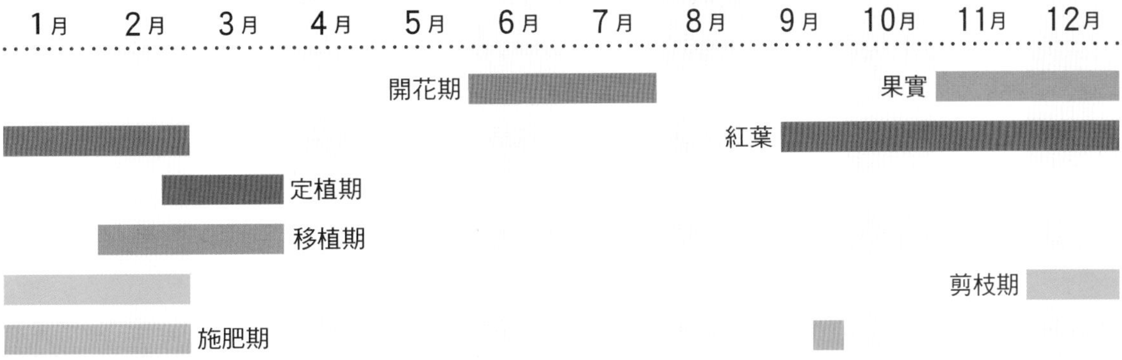
1月
2月
3月
4月
5月
6月
7月
8月
9月
10月
11月
12月
開花期
果實
紅葉
定植期
移植期
剪枝期
施肥期

長太大！

Q 木香花愈長愈旺盛，變得很龐大怎麼辦？

A 冬天就要一鼓作氣修剪掉多餘的枝條。

木香花原產自中國，是會開出重瓣小黃花的無刺蔓性玫瑰。

木香花的藤蔓無刺，幾乎沒什麼病蟲害，再加上植株會開出大量密實的小花，因而深受喜愛，更是種植玫瑰非常好的入門品種。面朝道路的圍牆亦經常可見整片的木香花。

市面上銷售的苗木不大，多半是長了2～3枝比免洗筷還細長，高約40～50㎝的枝條，看起來有點弱不禁風。但只要庭院土壤品質佳，種個2年左右根部就能在土中伸展開來，枝條也會年年變粗，到了第3～4年便會出現許多既粗又長，朝四面八方延伸出去，生長幅度快到令人驚訝的枝條，甚至會不知該如何處理。

遇到這樣的木香花時，就要在1～2月一鼓作氣修剪枝條。但修剪的方法跟玫瑰植株不同，不能從枝條上的冒芽處下刀，而是必須貼著基部，將植株根部附近或半途冒出的長粗枝徹底切除。茂密的細枝則是修剪掉一半，如果看起來還是很多，則要剪掉2/3的分量，植株應該就會變得俐落許多。木香花並不會因為留下細枝就不開花，所以可以截短枝條留下1/3左右。

將木香花誘引至牆面。

木香花本質強健，盆植也能長得很好。

Point!

新長出的嫩枝若是多餘，亦可切除

即便像這樣進行修剪，到了4～5月之際，木香花還是會像筍子一樣，冒出許多粗芽，若這些粗芽（枝條）無須保留，則可在長至40～50㎝的時候，從基部整個摘除。後續就算隨時截短多餘的枝條，也不用擔心植株枯萎。

木香花沒辦法像普通的蔓性玫瑰一樣，能漂亮地誘引到牆上生長，它只能在寬闊的環境讓枝條四面八方伸長，享受那如大頂花笠般的模樣，若不想植株變得太大，建議種在盆栽箱或尺寸較大的塑膠盆裡。

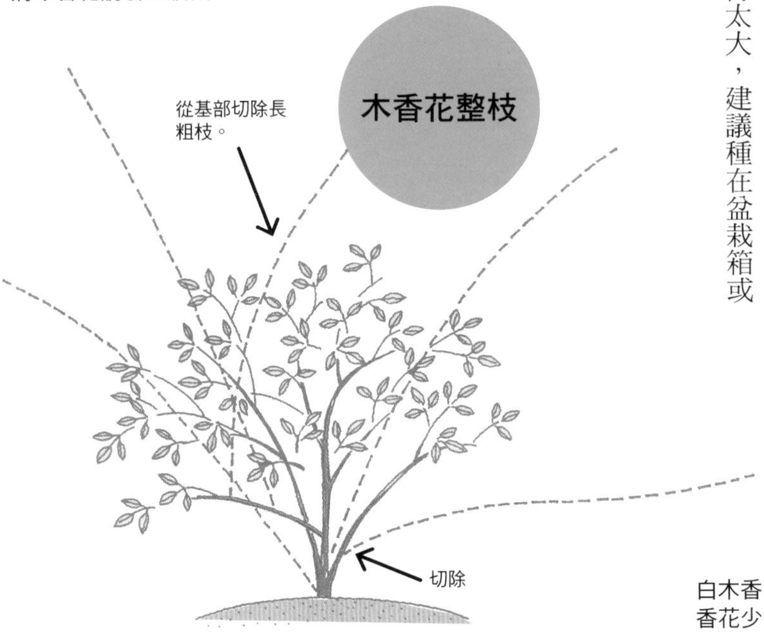
木香花整枝
從基部切除長粗枝。
切除

白木香的開花量比木香花少一些，卻帶有清新香氣。

●木香花種植計畫

	1月	2月	3月	4月	5月	6月	7月	8月	9月	10月	11月	12月
開花期				■	■							
定植期	■											■
移植期	■	■										
剪枝期	■				■（摘花）							■
施肥期	■				■（花季後）							

長太大！

Q 珍珠繡線菊變得太過龐大？

A 挖起植株，從基部切除枝條。

經常耳聞珍珠繡線菊變得太過龐大。種在庭院的話，已經扎根的植株會每年不斷冒出大量枝條，導致樹形變得既龐大又茂密。想要透過剪枝維持漂亮形狀的話，必須不斷重複「長出枝條就要剪掉」的動作，這卻會使根株的部分愈變愈大。因此會建議每3年就要將植株整棵挖起，切除多餘的部分，讓植株回到應有的大小。此作業會在1月進行。

作業相當累人，首先要把龐大的植株挖起。保留植株上15～20枝尺寸相當且直立的枝條，接著切除周圍不要的部分。想作為庭木種植的話，這樣的枝條數最合適。長根可以大幅截短，若要繼續種在同一位置，可使用庭院其他地點的土壤或是田土，混入腐葉土後再植入。這時將枝條修剪成一致的高度，到了第2年植株就會長得很漂亮。

重新植入後，珍珠繡線菊植株周圍會長出細枝條，這時要盡早用鏟子從基部將其挖除。另外，剩餘枝條間若冒出枝條，也要盡早從深處切除，讓15～20枝保留下來的枝條能夠備受呵護，順利長大。與其讓枝條稀疏，盡可能讓樹形集中看起來也會更漂亮。

珍珠繡線菊一邁入春天就會開出佈滿植株的白色小花。當植株變大，將不斷朝橫向擴張。

模樣可愛，會開出粉紅花朵的園藝品種，珍珠繡線菊「Fujino Pinky」。此品種的花苞為深粉色，隨著花朵的綻開，顏色會轉為偏白色。

Point!

也可以修剪成直幹形來欣賞

另外一個欣賞珍珠繡線菊的方法，就是將樹形修剪成直幹形。從大植株裡挑選並挖出2～3枝相對較高的枝幹，集中這些枝條並重新植入。讓枝調高度一致，或保有10cm左右的高低差，並讓枝條末端長出細枝。若枝幹半途或基部冒芽，則務必及早割除。

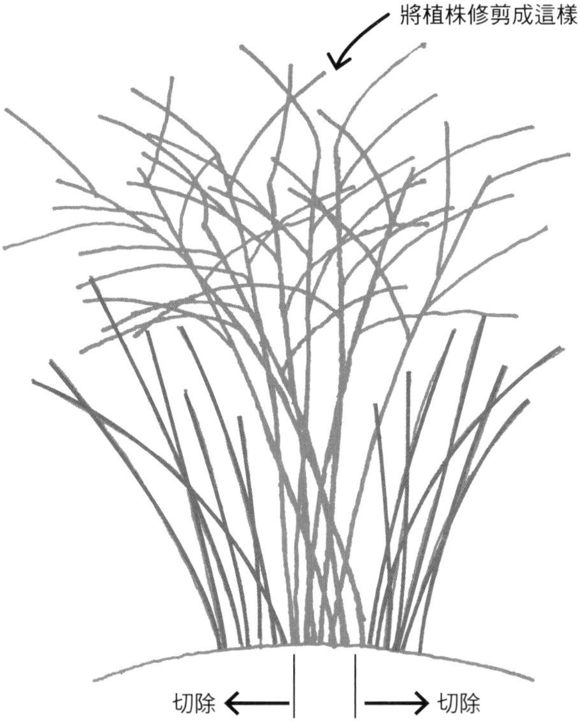
將植株修剪成這樣。
切除
切除

●珍珠繡線菊種植計畫

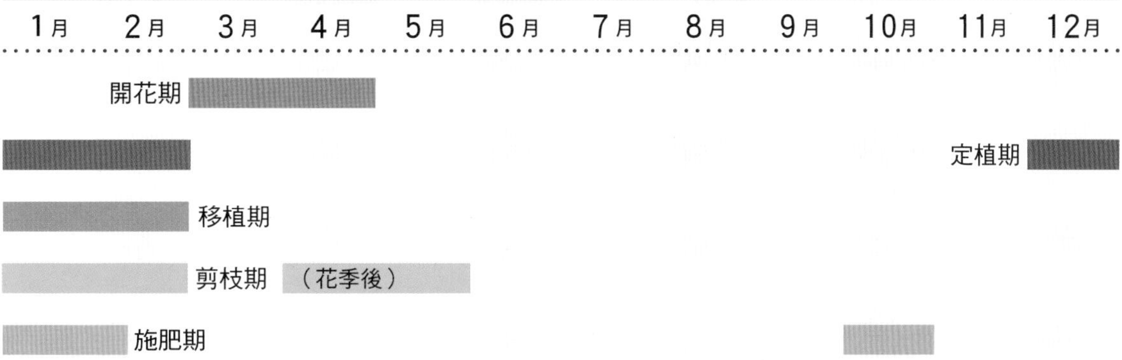
1月
2月
3月
4月
5月
6月
7月
8月
9月
10月
11月
12月
開花期
定植期
移植期
剪枝期
（花季後）
施肥期

長太大！

Q 想讓夾竹桃看起來更俐落？

A 10月中旬時截短或疏剪枝條。

近年，庭園樹或綠化樹中，讓人們敬而遠之的花木包含了夾竹桃、山茶、茶梅這幾種。夾竹桃本身有毒，山茶和茶梅則是因為會出現毒蛾幼蟲，為此就把好不容易種植長大，開出漂亮花朵的樹木隨便砍掉的話，可是會令人相當心痛。

山茶與茶梅都是能代表日本揚名世界的代表性花木，早於江戶時代便有許多品種為外國人所知。夾竹桃則是生長於全球溫暖地區，為夏季帶來點綴的花木之一，對日本而言更是夏天不可或缺的花木。

夾竹桃經強剪後會再冒出長枝條，而且遲遲開不出花朵。所以可於花季結束後，也就是10月中旬將枝條剪短，避免其過度變長，中斷其生長。另也可用疏剪取代剪枝（修剪掉混雜的枝條），減少枝條數，抑制樹高。夾竹桃本身是非常耐貧瘠地質的花木，可選擇種植在日照排水佳，但稍微乾燥的地點，如此一來也能壓低樹高，欣賞花木。

綻開可愛粉紅花朵的夾竹桃。另有更深粉色或紅花品種。植株本質穩健，樹勢強勁，未剪枝的情況下會不斷變大。

人稱「極耐公害之樹」，就算接觸到一些廢氣也能順利生長，所以常見於高速公路旁。圖為白花種夾竹桃，開花期長，入夏後，整個夏季都能開花。

Point! 不想樹長太高，可以選擇低矮品種

夾竹桃這種花木的葉子含有「夾竹桃苷」、「歐夾竹桃苷乙」等強心配醣體，樹皮也含有作用激烈的成分，將葉子或樹枝放入口中啃咬的話雖然會有危險，但如果只是用手觸摸，並不會造成任何問題，所以歐美培育出各種花色以及能夠盆植的欣賞用低矮品種。

夾竹桃剪枝

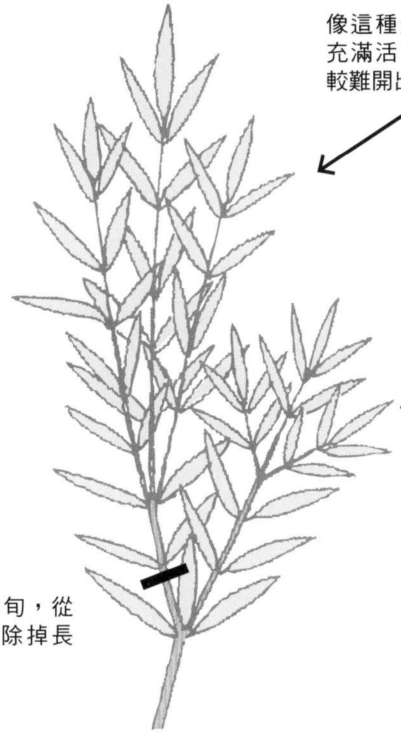
像這種生長茂盛充滿活力的枝條較難開出花朵。
較容易開花。
10月中旬，從基部切除掉長枝條。

●夾竹桃種植計畫

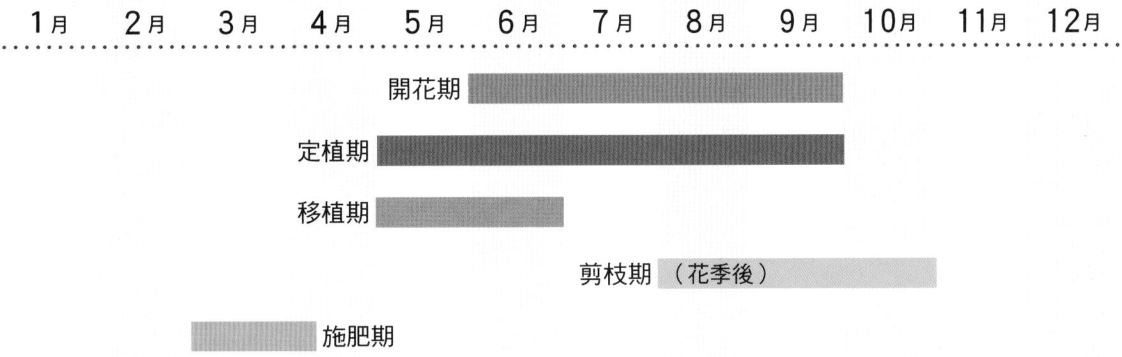
1月
2月
3月
4月
5月
6月
7月
8月
9月
10月
11月
12月
開花期
定植期
移植期
剪枝期
（花季後）
施肥期

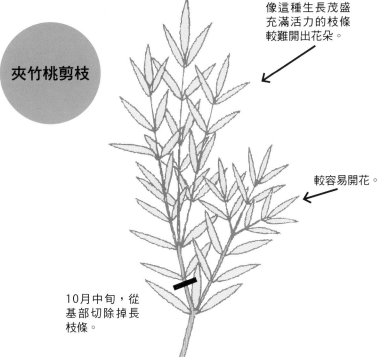

長太大!

怎樣才能讓木槿植株看起來更小巧俐落？

可以選擇盆植、叢生形或直幹形。

木槿為錦葵科木槿屬的落葉灌木，無畏夏日暑熱，能持續開花到秋天，是本質相當強健的花木。雖然是朝開暮謝的「一日花」，卻擁有極長的花季。不僅耐熱，亦是耐寒，就連北海道南部也能生長。木槿還非常耐修剪，能作為樹籬運用。再加上花色繽紛，另有單瓣、多瓣花形，變化豐富。

木槿有非常多品種，只要透過扦插或嫁接繁殖，就能開出與親株完全一樣的花朵。從種子開始栽培的話，的確能以低廉價格獲得大量幼苗，但只有5～10％的株苗會開出與目標親株相同的花朵。其餘的株苗無論是花形、大小、花色都會與親株不同，所以想要培育新品種的時候，就很適合採行從種子栽培的「實生法」。反觀，若想繁殖相同的木槿花，就不適合運用此方法。

關於管理的部分，各位可以選擇不修剪枝條，只須擺放在日照良好處，但要避免用土過乾，導致葉片受損。直接將

盆栽放在地面的話，大約2個月後根部就會從盆底孔洞伸長地鑽入地底，這時可以擺放托盤，避免根往下扎入土裡。

帶斑木槿「mi Honey」，葉緣有著鮮明的奶油色斑紋。

白色大輪種木槿「Diana」。

白色花瓣中間為深紅紫色的宗旦木槿。木槿會從枝條下面開始往上開花。

Point!

枝條截短要等到每年3月中旬

若要幫木槿剪枝或移植，要等到3月春分之日。種在庭院的話，枝條能充分伸長，樹幹也會變粗變壯，但如果換成盆植的話，不僅能移動位置，樹形也會比較小巧。修整可分成叢生形與直幹形（參照圖示）。木槿春天冒出的新枝條才會開出花朵，所以會在每年的3月中旬截短枝條。如要移植的話，則須在隔年的同個時期進行。從盆栽拔起植株後，稍微敲掉一些土團，移植後要施予充分肥料。同時也別疏忽了蚜蟲、介殼蟲等害蟲的驅除作業。

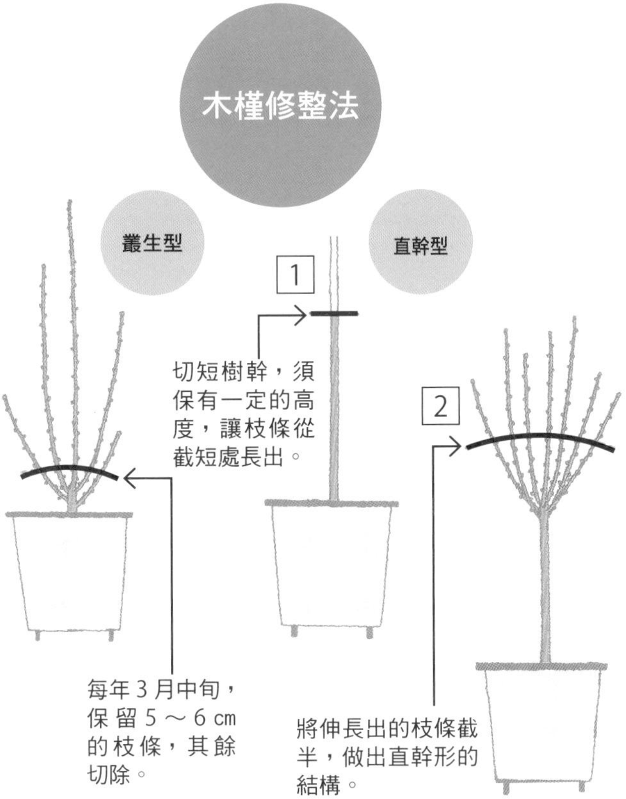
木槿修整法
叢生型
直幹型
1
切短樹幹，須保有一定的高度，讓枝條從截短處長出。
2
每年3月中旬，保留5～6㎝的枝條，其餘切除。
將伸長出的枝條截半，做出直幹形的結構。

還有可愛動人的粉紅色花朵。

●木槿種植計畫

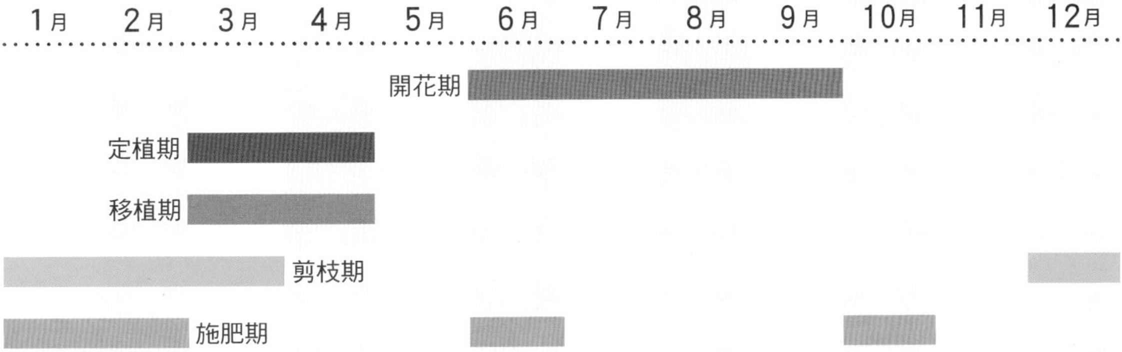
1月
2月
3月
4月
5月
6月
7月
8月
9月
10月
11月
12月
開花期
定植期
移植期
剪枝期
施肥期

長太大！

Q 要怎麼處理刺槐的分櫱？

A 一旦發現分櫱，就只能有恆心地不斷拔除。

刺槐是原產於北美，樹勢強勁的豆科落葉喬木。自古便可見會開紅花的園藝品種，金黃葉片的「Frisia」則是久違的園藝品種，深受市場喜愛。最初進口時，市面上可以看見的是將刺槐作為砧木的嫁接苗，目前則是用根作為砧木，或是採用埋根法來培育株苗。刺槐是根部充滿根瘤菌（能將大氣中的氮提供給宿主的土壤微生物）豆科植物，就算是其他樹木不太能順利生長，充滿石塊的河灘或其他貧瘠地也能順利生長，可說是非常健壯的樹種。

刺槐會四處冒出分櫱雖然會讓人頭疼，但唯一的解決方法就是有恆心地拔除分櫱。刺槐的根不會深扎土中，只會淺淺地遍布開來。拔根時，如果土中還殘留了10～20cm的根，留下的根會繼續萌芽，甚至在不知不覺中長成1m高的幼苗。只要一個不留意，刺槐便會如「忍者」般冒出分櫱，所以2～3年期間要有心理準備，務必要徹底挖掉分櫱。

花園裡徹底發揮效果的刺槐「Frisia」，種在綠色樹木前面，能更凸顯出明亮的黃綠色。

新綠嫩芽之際，葉色一致相當美麗，新梢末端成了金黃色。

↑種植刺槐作為庭院的象徵樹，同時帶來點綴效果。

←與草花及彩葉植株搭配，更能襯托出美麗葉色。

Point!

除草劑效果不錯，但也可能導致周圍植物枯萎

各位應該都不太喜歡使用強效除草劑，但刺槐的枝葉破土露出地表時，可以對其他枝葉施灑除草劑，如此一來在土中伸展的根部也會枯萎。然而，萬一這些根在土裡和其他植物的根部纏繞，那麼其他植物也會枯萎，所以刺槐周遭若有種植重要的植物，就必須非常謹慎地使用除草劑。

處理Frisia品種的根蘗時只有一個辦法，那就是有恆心地拔除。如果不想為了根蘗而煩惱，會建議種植在15～20號（直徑45～60㎝）輕塑膠盆，不要直接種在庭院土裡。

處理刺槐「Frisia」的根蘗

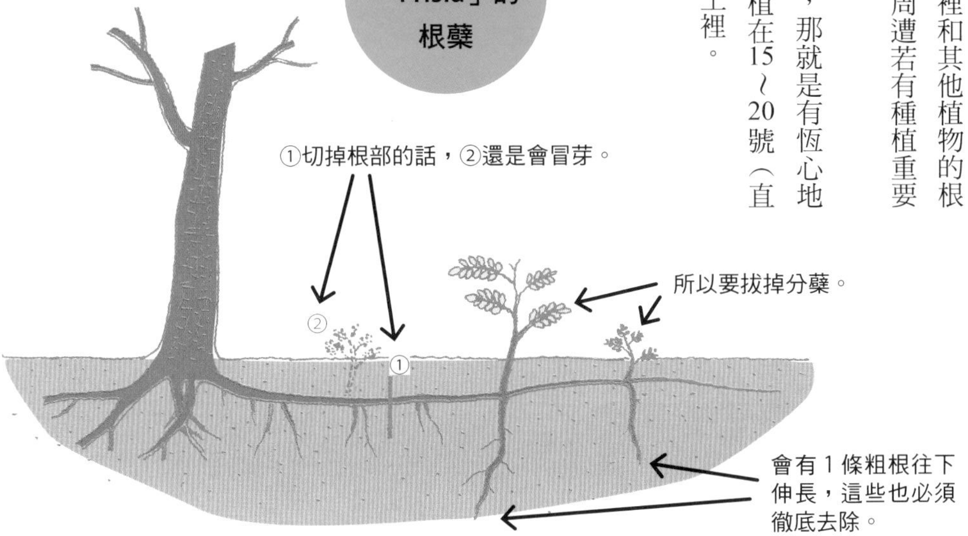
①切掉根部的話，②還是會冒芽。
②
①
所以要拔掉分蘗。
會有1條粗根往下伸長，這些也必須徹底去除。

●刺槐種植計畫

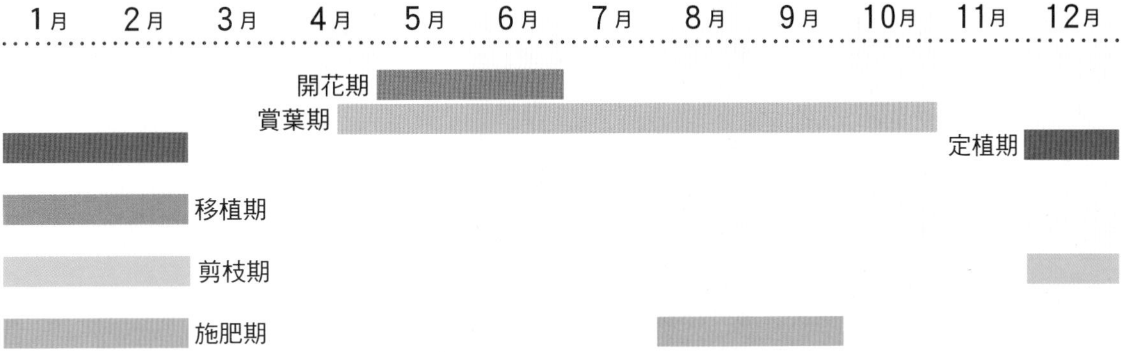
1月
2月
3月
4月
5月
6月
7月
8月
9月
10月
11月
12月
開花期
賞葉期
定植期
移植期
剪枝期
施肥期

長太大!

Q 怎樣才能讓穗花牡荊看起來更俐落？

A 保留約三根枝條，其餘的從植株基部全數斬除。

牡荊可以分成幾種，包含了原產於中國，屬落葉性灌木～大灌木的黃荊、原產於南歐和西亞，灌木～大灌木的穗花牡荊，另外還有台灣牡荊，以及分布於南亞～澳洲的園藝品種「Trifolia」等，栽培比例最高的是穗花牡荊。

一般而言，我們都會想讓穗花牡荊的樹形看起來更清爽俐落，但其實這個任務有點難，卻又很簡單。這是因為穗花牡荊會從地面冒出許多枝條，當我們看見這些枝條和大量側枝末端開出藍帶紫的小花後，就會覺得要把這些新枝條處理掉是件很可惜的事。

不過，既然要將「植株修整變俐落」，就必須從大量冒出的枝條中保留3根，接著把其餘的枝條全部從基部斬除乾淨，集中栽培這3根枝條，唯有這樣才能讓植株變得俐落。生長過程中還會冒出大量不定芽，這些也都必須盡可能地及早切除。如果放任穗花牡荊在寬闊環境隨意生長，過個1年就會變得頗為龐大，所以想讓植株看起來俐落，還是要花費相當的功夫。

穗花牡荊「Blue Diddley」比既有的穗花牡荊更小巧，花穗也偏小。芬芳的藍紫色花朵會從初夏一路開到夏末。

Point!

盆植能讓樹形看起來更俐落

想讓穗花牡荊看起來俐落還有另一個方法，那就是盆植在8～10號塑膠盆裡。盆植的確能讓樹形更俐落，但要注意別讓根部從盆底孔洞鑽入土中。盆植要施予足夠肥料，每年都要移植換盆，以防缺肥。

整棵植株都會散發美好香氣也是穗花牡荊的魅力之處，還會開出充滿清涼氛圍的藍紫色花朵。

穗花牡荊 整枝

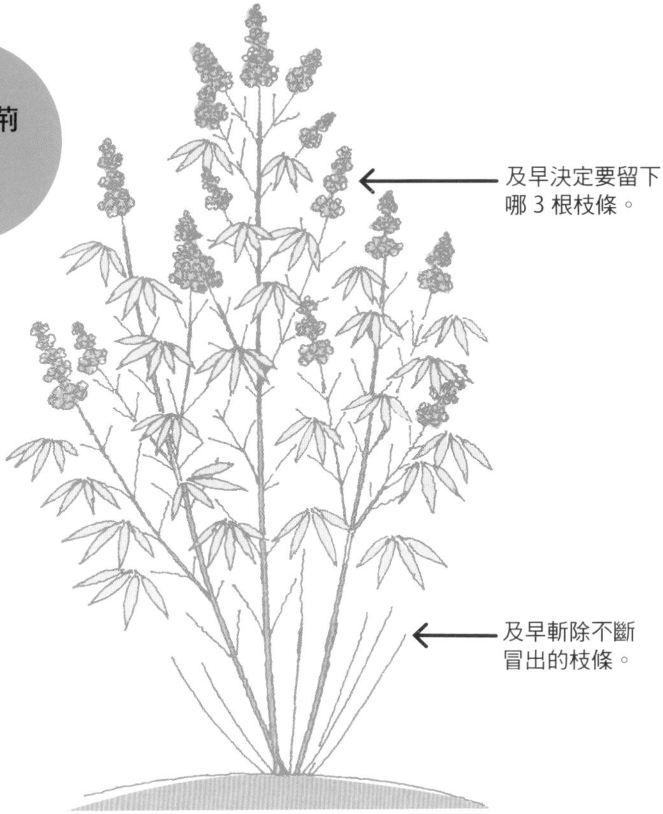
及早決定要留下哪 3 根枝條。
及早斬除不斷冒出的枝條。

●穗花牡荊種植計畫

	1月	2月	3月	4月	5月	6月	7月	8月	9月	10月	11月	12月
開花期							●	●				
定植期		●	●									
移植期		●	●									
剪枝期	●	●	●									●
施肥期			●	●				●	●			

『ビジュアル版 小さな庭の花木・庭木の剪枝・整枝』(船越亮二・講談社)
『鉢植えで育てやすい 花木・實もの・きれいな葉』(船越亮二・主婦の友社)
『切るナビ！庭木の剪枝がわかる本』(上条祐一郎・NHK 出版)
『大きくしない！雑木、花木の剪枝と管理』(石正園 平井孝幸・主婦の友社)
『心地よい庭づくり Q&A』(石正園 平井孝幸・主婦の友社)

植物名索引

按筆劃順序排列

PROFILE

船越亮二

經常現身日本雜誌《園芸ガイド》連載中的「園藝諮詢室」單元，無論任何問題都能精準給予解答，是園藝界的重要人物。東京農業大學農學院造園科畢業。曾任埼玉縣住宅都市部公園綠地課長、（財）埼玉縣公園綠地協會常務理事、（財）埼玉市公園綠地協會理事，亦曾擔任專門學校中央工學校（土木測量系・造園建設科）講師。專攻都市綠化植物。

TITLE

庭木培植疑問全解惑

STAFF

出版	三悅文化圖書事業有限公司
作者	船越亮二
譯者	蔡婷朱
總編輯	郭湘齡
責任編輯	張聿雯
文字編輯	徐承義
美術編輯	許菩真
排版	曾兆珩
製版	印研科技有限公司
印刷	桂林彩色印刷股份有限公司
法律顧問	立勤國際法律事務所　黃沛聲律師
戶名	瑞昇文化事業股份有限公司
劃撥帳號	19598343
地址	新北市中和區景平路464巷2弄1-4號
電話	(02)2945-3191
傳真	(02)2945-3190
網址	www.rising-books.com.tw
Mail	deepblue@rising-books.com.tw
初版日期	2023年3月
定價	400元

ORIGINAL JAPANESE EDITION STAFF

装丁	矢作裕佳（sola design）
本文デザイン	矢作裕佳（sola design）
DTP	明昌堂
撮影	柴田和宣、松木潤（主婦の友社）　弘兼奈津子
写真協力	写真協力／船越亮二、佐伯公太郎、福岡将之、澤泉美智子、アルスフォト企画
取材協力	しばみち本店、ミニ盆栽.ライフ、白馬コルチナ・イングリッシュガーデン、河野自然園、松下順子、前島光恵、小林ナーセリー、石正園、村松とし子、若松直子
イラスト	岩下紗季子、高橋デザイン事務所（高橋芳枝、高橋枝里）、カワキタフミコ、群境介
企画・編集	澤泉美智子（澤泉ブレインズオフィス）
編集デスク	松本享子（主婦の友社）

國家圖書館出版品預行編目資料

庭木培植疑問全解惑：怎麼種?怎麼養?怎麼剪? / 船越亮二作；蔡婷朱譯. -- 初版. -- 新北市：三悅文化圖書事業有限公司, 2023.03
128　面；23.5x18.2　公分
譯自：庭木の「困った！」解決ナビ
ISBN 978-626-95514-8-4(平裝)
1.CST: 園藝學 2.CST: 樹木 3.CST: 栽培

435.11　　111022329

國內著作權保障，請勿翻印 ／ 如有破損或裝訂錯誤請寄回更換

庭木の「困った！」解決ナビ

© RYOJI FUNAKOSHI 2021
Originally published in Japan by Shufunotomo Co., Ltd
Translation rights arranged with Shufunotomo Co., Ltd.
Through DAIKOUSHA INC., Kawagoe.